◇刊行のことば◇

二一世紀の世界農業は、我々農業ジャーナリストに、ますます重大な使命を担わせている。それは国の内外にわたる農業や食料に関する正しい情報が、今日ほど痛切に求められているときはないからである。

農政ジャーナリストの会は、一九五六年に創立されて以来、一貫して農業に関する正確な事実認識と公正な情報伝達のために、新聞、放送、雑誌など各分野に働く農業ジャーナリストの力を結集することに努めてきた。本会の機関誌『日本農業の動き』は、このような我々の努力の一端を、日本農業の現在並びに将来について関心をもつ、すべての人々に知っていただくために刊行されているものである。

我々は、本誌が会内外の強い支援に支えられて発展し、我が国農業の進歩に少しでも役立てば幸いであると思っている。

農政ジャーナリストの会

■ 日本農業の動き ■　No.211

コロナ後の
ローカル経済

農政ジャーナリストの会

目次

農業気象台

○…農政ジャーナリストの会のホームページが、この六月から大幅にリニューアルした。躍動感あふれるフロントページ（写真）には「農政ジャーナリストの会は　創立六五年を迎える歴史ある団体です」とある。農政ジャーナリストの会は一九五六年（昭和三一年）の秋に発足した。活動の柱である研究会（四半期ごとにテーマを決める）の成果を中心にまとめている機関誌「日本農業の動き」は本号で二一一号に達した。創刊したのは一九六五年（昭和四〇年）三月。一九九二年（平成四年）三月に一〇〇号を発行し、記念すべき二〇〇号に到達したのは二〇一八年（平成三〇年）の一一月だった。さらに「動き」誌の前身、「季刊　農政の動き」は、創立間もない一九五七年（昭和三二年）から一九六三年（昭和三九年）にかけて二〇号まで発刊している。通算すれば二三一号になる。六五年にわたり国内外の農政・農村・農業者・食の軌跡をジャーナリストの目で検証し続けている貴重な記録と言えよう。ここに至るまでにたゆまず編集作業に取り組み、発行を継続してきた歴代の先輩会員・役員ら先人の熱意には、ただただ感服するばかりだ。

　二〇〇号記念特集号に寄稿いただいた元農政ジャーナリストの会会長の岸康彦氏（元日本経済新聞）はその末尾で「農業の現場は霞が関界隈にあるのではない。『日本農業の動き』は現場に最も近い位置で取材するジャーナリストたちが何を見、何を感じたのかを伝え、記録する媒体でもありたい」と結んだ。

○…それにしても気になるのは昨今の異様な「世情」だ。本号が発行される時期は、正にコロナ禍の「東京２０２０」の競技がたけなわと推察される。特に「政治家の劣化」が巷間言われて久しい。裏返せばそれは選民たる「国民（有権者）の劣化」が進んでいる、ということか。それが象徴的に表れているのが「言葉の乱れ」ではないだろうか。「国が滅びる時は、言葉から乱れていく」（作詞家・故川内康範さん）。これはよく耳にする警鐘だ。そして最近、某言論誌に載った次の一文も目に留まった。「国が滅亡に陥る時には、最も不適当な人間が国政の衝に当たるようにできているものだ」。これは政治家だけでなく、いわゆる「忖度（そんたく）官僚」の堕落と跋扈にも通じる。国が滅びる（亡びる）とは穏やかではないが、人口減はもとより、様々な調査データからも日本はもはや先進国ではない、国力が落ちている、と断言する識者が少なくない。

　もう四年ほど前になるが、ある農政ジャーナリストの大先輩から頂戴した手紙の中に「足元の砂がみごとに掘りとられていく日本、孤立する日本」――と記されていたのが今でも目に焼き付いている。混迷する政治を見るにつけ、凋落し、壊れていく日本の将来に不安を感じる今日この頃だ。

○…長引くコロナ禍で鬱々した毎日が続くなか、昨年から今年にかけて出会った書籍が「人新世の『資本論』」と「論語と算盤」の二冊だった。前者は若手経済学者の斎藤幸平・大阪市立大学大学院准教授著のベストセラー。後者は今年の大河ドラマの主人公、渋沢栄一が「論語」を拠り所に道徳と利益の両立を掲げる「道徳経済合一」を説いた口述書だ。斎藤氏は行き過ぎた資本主義の弊害が、今日の気候危機と感染症の蔓延を招いたと警告。五月のあるＢＳテレビの情報番組で斎藤氏と同席した自民党の伊吹文明・元衆院議長（八三）が、斎藤氏の現状分析の主張に「同感だ」と賛同したのには驚いた。与党では数少ない〝有識者〟の一人では、と納得した次第だ。一方、渋沢栄一は資本主義の黎明期に五〇〇近い会社の設立に関わるだけでなく、五〇〇以上の社会福祉慈善事業にも尽力したとされる。時代が違うとはいえ、渋沢は今日の新自由主義に汚染されたグローバル資本主義の暴走を見て、草葉の陰で何と思うだろうか。ここでは改めて、故宇沢弘文博士が唱えた「社会的共通資本」に思いをはせる。

○…このような中にあって、昨春の「食料・農業・農村基本計画」策定後の国内農政の課題は山積だ。米の需給均衡（水田農業）、「みどりの食料システム戦略」の始動、新たな農村政策、食料安保対策等。

　こんな時代だからこそ、農政ジャーナリストの会は先人の偉業を引き継ぎ、次の創立七〇周年に向け研究会活動の充実と「日本農業の動き」誌の発行に努める。ジャーナリズムの真骨頂は「論より現場」に尽きる。（竹）

農業気象台

特集：コロナ後のローカル経済

ポスト成長経済社会の姿

会員　吉村　秀清

コロナが発生してほぼ一年半になろうとしているが、収束どころかますます勢いを増している。二〇二一年四月で新型コロナウイルスによる世界の死者は三〇〇万人を超した。そして一日当たりの感染者数は七〇万人を超えるという水準に達した。ワクチン接種で沈静化を図ろうとしている世界の取り組みをあざ笑うかのようである。

そもそもウイルスは、きわめて微細で通常の光学顕微鏡でも見えない。しかも自らは増殖することができず、動物の細胞に入り込み、その機能を流用することで増殖する。このことからウイルスは生物ではないとも言われている。また、ウイルスは生物に比べて非常に簡単な構造をしているため合成時間も短い。一個のウイルスが細胞に感染すると一〇〇〇個もの子ウイルスが生産され、インフルエンザウイルスでは、二四時間で一万個に達すると言われている。そして、自らの力では移動することもできない。主に接触（経口）感染、飛沫感染、空気感染といった外部の力を借りて移動する。

攻撃力や意思を持たないウイルスという「物体」によって、高等生物の頂点に立つ人類は翻弄されている。しかも人類は、ペストや天然痘などといったパンデミックを過去に経験してきたにもかかわらず、この度の事態を世界は予想することすら出来なかった。人類による文明発展に積み上げてきた努力は一体何であったかを問いかける新型コロナウイルスの猛威でもある。

しかし、現代の世界は新型コロナウイルスを沈静化させるためにワクチンの接種に躍起になっているが、これも多様な変異種の出現により新たなワクチンが求められイタチごっこを繰り返すに過ぎないのではないか。根本的な病根を変えなければ安全なコロナ後の社会を迎えることは出来ないと思う。

無生物・コロナウイルスが教えてくれたこと

振り返ってみると、新型コロナウイルスの猛威以前から、地球は深刻な問題に直面していた。地球温暖化、極氷山の融解、台風等暴風雨の巨大化、砂漠化、海洋異変等々自然災害の異変に加え、こうした環境変化の原因の一つと見られている経済活動の限界性といった問題である。長崎大学の山本太郎教授は、「農業が始まって定住人口が増え、野生動物の家畜化が進み、人と家畜の距離が縮まり、感染症はいっきに増えた。そして、この半世紀ほどの間に新興感染症がすごく増えているが、これは開発による熱帯雨林の縮小、地球温暖化もあいまってさらに野生動物と人との距離が近づいたことが原因である。

そして『本来あるべき姿にない状態への警鐘』ととらえるべきである。ウイルスはいつの時代も存在しているが、バンデミックになるかどうかは人間側の要因で決まる」と説く（朝日新聞二〇二一・一・二五）。

人間側の要因とは、社会や国のベースとなっている文化の問題と読み替えても良い。つまり新型コロナウイルスが社会の仕組みに対して何らかのサインを送っているということであろう。

霊長類学者で前京都大学学長の山極寿一氏も同様な指摘をしており、日高敏隆氏の「地球環境の根幹的な問題は人間の文化にある」という言葉から、ウイルスや環境問題は人間の文化の問題であるというのである。

では、文化とは何かを考えてみよう。『大辞林』によると「社会を構成する人々によって習得・共有・伝達される行動様式ないし生活様式の総体。言語・思想・信仰・慣習・タブー・掟・種々の制度、道具、芸術作品、儀礼、儀式など生活に関わるあらゆる事柄」としている。また、綾部恒雄・桑山敬己編『よくわかる文化人類学』（ミネルバ書房刊）には「人間が生きるために作り上げた衣食住の方法・技術・知識はもちろん、生活のために個人や集団がとり結ぶさまざまな人間関係、つまり社会組織も、すべて文化です。換言すれば人間の生活様式全体を意味しています。つまり、後天的に学習した生活様式の複合体全体が文化なのです。」と説明している。

自然がもたらした以外のもので、人類が自らの幸福や欲望を求めて作り上げてきたすべての要素により構成されているものが文化ということである。コロナ禍では命を選択するのか経済を守るのかと世界は悩んできたが、経済システムも文化の一要素である。文化の各構成要素がバランスよく位置していることで安定的な姿を文化は維持することが可能なのであるが、現代社会はそのバランスを崩している。いやバランスどころか経済が文化を飲み込むほど経済が肥大化してきた。

経済が文化を飲み込んだ意味

「経済が文化より大きくなった」ことには二つの意味がある。

一つは、文化のなかの一要素である経済が肥大化することによって、バランスよく構成していた他の要素に悪影響を及ぼし、総体としての文化の歪曲化をもたらせたことである。もともと、経済の語源は中国の「経世済民」から生まれたと言われているが、貧困で困窮している人々に対して救済するという内容が、経済の本来的役割である。しかし経済の発展にともなって、営利獲得が経済の中心の目的になってくると、儲からないものや効率が悪いものへはお金が回らないことになると、儲からなくとも大事な要素が縮小して文化全体の発展にとっては極めて変形した結果をもたらすことになる。

更に、貧困層には教育を受ける機会が少なくなったり、栄養面でバランスの悪い食事しか摂れなくなる結果、貧困から脱出できなくなったり、健康に問題を抱えたりという状況を生み出す。所得の面で経済格差をもたらすことは、単に経済の問題だけではなく社会構造に大きな影響を与えることになる。

もう一つの意味は、経済が文化を超越した結果、文化に大きな影響をもたらすことである。経済活動が高度化してきて生産性を追求するために多量の化石燃料等の資源を利用することとなり、地球が持つ自然の再生産力（浄化機能）を弱める、あるいは再生できずに汚染物質として蓄積されることによって生態系に大きな影響を与え、地球温暖化を促進するようになった。よく紹介される例がアマゾン地域の開発である。世界の食料事情により地球の肺とも呼ばれている大森林地域を農地に開発してきたが、その結果炭酸ガス濃度を高めることとなり地球温暖化を進めている。産業革命以前は、人間の生活の知恵やローテク科学技術により地球環境に負荷の少ない資源利用や資源循環がおこなわれてきた。

しかしながら産業革命以降は大量の化石燃料を利用する技術と経済が取り組まれてきたために、もはや人間の知恵ではコントロールできない事態に陥いりつつある。まさに経済発展どころか、人類の生存すら脅かすこととなってきた。世界の科学者は警鐘を鳴らし続けて、この十年が勝負だとも言われている。

現代の経済活動は大都市に見られるように集積の効用とグローバリゼーションによって成立している。集中することによって生産性を高め、創造的知恵を生み出し、高い収益を生むことができるからだ。更に、通信やモビリティの進歩で人・物・金・情報の移動スピードとコストを下げ集積の効用を促進してきた。だが、新型コロナウイルスは大都市での蔓延や世界中への感染拡大を通じて現代の経済システムを支えている「三密（密集、密接、密閉）」による社会や経済の仕組みの危うさを教えてくれている。こうした状態を「神の声」と言う識者も少なくない。

私たちはパラダイムシフトに取り組むことが求められていると認識しなければならない。「ウイルスは本来、私たちを含む大きな生命圏の一部で、完全に撲滅したり、排除したりすることはできない」と説く生物学者の福岡伸一氏は、対処方として「ウイルスに対して畏敬の念を持つのと同時に、自分自身の免疫システムを信じることが大切」だと語っている（朝日新聞二〇二一・二・二八）。私たちは文化や地球が持つ免疫システムをうまく利用する社会の構築がこれから取り組むことの方向ではないだろうか。具体的には持続可能な社会や経済の構築である。

わが国も脱炭素社会を宣言

そして、そのために早急に対応しなければならないことは地球温暖化対策である。そもそも温室効果ガスの排出削減について国際的に議論が始まったのが一九九〇年代であり、九七年に採択された京都議定書で初めて国際的な合意がまとまったのであるが、わが国は国際的には後れをとってきた。すでに世界の一二〇の国や地域では「五〇年までにCO_2の排出量を実質ゼロ」にすると宣言している。つまり「脱炭素」は国際的な潮流となっているのである。ＥＵでは先端的な環境配慮型社会に向けて産業界と一体となって取り組んでいる。二〇一五年九月に国連で採択された「持続可能な開発のための２０３０アジェンダ」が提唱した「ＳＤＧｓ」も脱炭素の流れを牽引してきた。「きれいな地球」を残すために一七の達成目標と一六九のターゲットを設定した。そのなかで「目標７　すべての人々が、手頃な価格で信頼性の高い持続可能で現代的なエネルギーを利用する」の中では、再生可能エネルギーの割合を大幅に増やすこととしている。

　ＳＤＧｓの優れているところは、単に地球温暖化をストップさせるための目標を設定しているわけではなく、地球が抱える重大課題を総合的に一七の目標として解決しようとしているところにある。したがって気候変動対策だけでなく、貧困、栄養改善、教育、ジェンダー問題、衛生、経済、働き方、格差是正、持続可能な生産消費の実現、エネルギー転換、海洋資源保全、生物多様性、持続可能な社会構築等といった内容を一七の目標として、持続可能な地球の実現に繋げようというものである。この宣言は、これまで私たちの生活を豊かにしてきたと考えられた市場経済の限界を宣言したものである。そして、気候危機を止めるとともに私たちの働き方や生活のあり方まで根本的に変革することを訴えていることに注目する必要がある。その意味で、日本だけではなく世界は大きな転換点を迎えたのが現代であり、世界に蔓延した新型コロナウイルスがそのことを教えてくれている。

幸い、世界のリーダーはここにきて気候変動ストップに向かって急速に同じ方向に向かいつつある。京都議定書の後継であったパリ協定から一度は離脱した米国もバイデン大統領によって復帰したし、米国とともに二大CO_2排出国の中国も二〇六〇年までに排出量削減に取り組む声明を出した。わが国も菅総理が昨年一〇月二六日の所信表明演説でバイデン政権に呼応するように「脱炭素宣言」を表明し、二〇五〇年には温室効果ガス排出を実質ゼロとする目標を打ち出した。この目標を明記した改正地球温暖化対策推進法も二月に成立し、これにより経済と環境の好循環をめざす施策や計画が検討されている。エネルギー計画の見直し、政府の成長戦略実行計画、再生可能エネルギーによる電気を調達しやすいような新しい取引市場の創設など様々である。

また、これまで積極的でなかった経団連も新会長に就任した十倉雅和氏が、政府の目標は厳しいとしながらもこれを成長戦略の柱にすることが必要だと前向きだ。これまでの資本主義のあり方に危機感を示し、市場主義のなかに社会性の視点を入れる考え方が重要だとし、カーボンニュートラル行動計画づくりに着手するという。

農林水産省でも、五月に「みどりの食料システム戦略～食料・農林水産業の生産性向上と持続性の両立をイノベーションで実現～」（以下「みどりの戦略」と略称）をまとめた。昨年改訂された食料・農業・農村基本計画では、①輸出拡大による生産基盤の強化、②グリーン化への対応、③食と農とのつながりの進化という重点事項としたことから、新戦略はグリーン化に焦点をあて、農林水産分野でのゼロエミッション達成と持続的発展に向けた取組を二〇五〇年までに目指す姿と取組方向をしめしたものである。この中で驚きともいえる反響があったのが有機農業を全面的に打ち出したことである。耕地面積に占める有機農業の面積割合を二五％、面積にして一〇〇万㌶に拡大することを目指すとしている。この他、化学農薬使用量の五〇％低減、化学肥料使用量の三〇％削減、化石燃料不使用の施設園芸、事業系食品ロスの半減を目指すとしている。

この内容には実現性が疑わしいと酷評する声も少なくないが、一九七四年に有吉佐和子が新聞小説「複合汚染」を発表した際に有機農業を提唱したが、農林省、農協ともに大反対のキャンペーンを展開したことを考えると隔世の感がある。それだけ地球環境問題が深刻化したということであろう。その意味では、「みどりの戦略」も頭から否定するのではなく方向性については間違っていないととらえ、その方向を実現するためには何が必要かを議論・模索することが必要ではないか。その時に注意しなければならないのは、言葉だけに惑わされることなく正しい内容であることを確認することである。

新型コロナ禍で人類は経済維持かウイルス収束かで苦しんできた。しかし、これからは前述した通りウイルスを認めつつ新しい経済のあり方、生活のあり方を追求することをウイルスが教えてくれた。その姿は成長経済＝過剰な競争経済から安定した分散型社会構築への構造的転換である。つまり利潤追求競争から利益はそこそこにして安心して心豊かな生活ができる持続可能な社会の仕組みが求められているということであろう。

地域のひとを中心に地域内循環経済

そうした社会は、歴史的にはコモンズ社会や里山・入会地といったものでイメージされる。コモンズは現在でも、イギリスの湖水地方では営々と数百年にわたり営まれている。世界的にも同じような仕組みがあり、例えば、スペインのエルタ、フィリピンのサンヘーラ、スイスのアルプなどが有名である。しかし、高度に経済が進歩した現代社会にその仕組みをそのまま再現するというのは現実的ではない。これからの地域や経済を考える上での基本的な視点として、①日本は人口減少を前提とする必要がある。②地球環境負荷を抑制するためにエネルギー転換や産業構造の変化が必要。③市場経済の肥大化の限界から自然と融和した経済・生活の仕組み、地域の構築が必要ということがあげられる。広井良典氏（京都大学教授）は、域内循環のゼロ成長経済への転換によって地域の経済活動成果が地域へ着陸する「定常型社会」を提唱する。

前述の広井氏は、新しい社会関係を「資本主義を超えるコミュニティ経済」と呼び、それを担う組織としていわゆるコミュニティが持つ「共」の仕組みを有する協同組合であったりボランティアグループ等に期待する。そして、コミュニティ経済を概念的に整理すると、ムラ（コミュニティ）の原理とビジネス手法を融合した持続可能な新しい地域社会ということができる。ここでいうムラの原理とは自然との調和と相互扶助・互助・共生との融合である。地域のひとが中心に地域資源を活用した経済活動をおこない、その利潤を再び地域に還元するといった地域内循環システムである。

こうした取り組みはまだまだ点的であり、グローバル化や分業化が極度に進んでいることから、一気にその地域が経済循環する仕組みに変わっていくことは難しいが、人口減少の歯止めや地域活性化の推進から、この動きが少しずつ出始めてきた。

市場経済の地域経済の姿は、エネルギーや各種の資源は域外から購入して消費し、生産物は大半を域外に出荷するのが普通であった。域外に出荷すると当然、厳しい競争にさらされることによって必ずしも高い価格で販売することは困難である。工業導入にしても働く場は提供されるにしても工場での果実は大半を域外の本社にもっていかれる。こうして結果としては地域での経済活動による利益は少なくなってくる。これは経済が外部、場合によってはグローバルな循環に組み込まれているからである。これでは、生産者や労働者が頑張ってみたところで地域に反映されるという成果は期待できない。成果の大半が域外の条件によって左右される仕組みなのである。

そこで、コミュニティ経済では、なるべく外部から原材料や資本を導入することを減らし、地元の資源、労働力を活用し、生産物は地域内でも消費するとともに余剰物は域外に販売することで利潤をなるべく多く獲得する。その利潤を再び域内の経済活動に投資するという地域内循環の仕組みである。もちろん最初から多くの利益を得ることは難しいが、この循環の太さを徐々に太くすることによって、地域の安定に結びつけるという考え方だ。農林水産物の場合は一番取り組みやすい。アメリカで急速に普及しているCSA（地域支援型農業）という仕組みは生産者と消費者とが一体となってウイン・ウインの関係を築き、地域の農業を守っている。

人間らしい生活を取りもどす

国内の事例では様々な取り組みが見られる。農業（有機農業、農産物の直売、農家レストラン、食農教育、六次産業等）を核とした取組み、再生可能エネルギー（太陽光発電、地熱発電、バイオマス発電等）を核とした取組み、森林・林業（森林空間、生態系重視の林業経営、木材加工等）を核とした取組み、地場産業・郷土文化・歴史的資源を活用とした取組み、地域資源を活用した観光を核とした取組み、多文化共生の国際交流を核としたと取組み、町や商店街の活性化を核とした取組み、福祉や医療を核とした取組みなど多岐にわたっている。

欧米ではかなり以前からこうした動きが出ているが、それは行き過ぎた経済活動のなかで人間らしい生活を取り戻そうとするところから始まっている。そして、地域を大事に保存しようという伝統があり、各国でそれぞれのやり方で活動がおこなわれている。

　ＥＵではリーダー事業と言われている街づくりのための構造政策がおこなわれている。リーダー（LEADER）はフランス語で「農村経済の開発のための活動の連携」の頭文字からつけられたもので、目的は地域の資源の活用による草の根的参画と地域コミュニティの発展である。実施国、ＥＵ、民間がそれぞれ出資しあい、実施主体は二つのタイプがあり、一つはＬＡＧ（Local Action Group）と呼ばれるコミュニティ、自治体等の公的機関、私企業、ＮＧＯ、住民によるパートナーシップ組織である。もう一つは「その他の農村関連団体」で、自治体、農業会議所、商工会、協同組合、ＮＰＯ等である。取り組み内容は多様であるが、地域資源を生かした製品開発、地域活性化、グリーンツーリズム、再生可能エネルギーの開発、歴史遺産の保存、街づくり等々であるが、雇用が創出、地域経済の活性化、環境に調和した街づくり、循環経済の構築等、地域の住民が多数関与・協力しながら住みよい地域の実現に向けて活動している。

　また、米国オレゴン州のポートランドは、全米で最も住みたい都市と言われている。元は金の採掘で反映した町であるが、現在は、自然が豊か、オーガニック食品等食べ物が豊富、サードウェーブコーヒーが名物、ハンドメイドが盛ん、ゆったりと楽しみながら歩ける町並みが整備されている、といった町である。この市の特徴は、「二〇分圏ネイバーフッド」を目標とした街づくりである。これは仕事、遊び、日常の活動を徒歩二〇分でおこなうことができる街づくりである。つまり中心市街地を車不要として、路面電車と自転車で移動することによって環境先進都市を目指している。現在、九五のネイバーフッド（地域コミュニティで町内会のような組織）が構築されており、住民の意見や要望を反映できる仕組みにもなっている。こうした街づくりの中心はＰＤＣと呼ばれる第三セクターが担っており、住民や企業の要望を集約し、行政との調整をしながら街づくりを推進している。なお、ＰＤＣには日本人スタッフで山崎満広氏がコアメンバーとして活躍している。

　私たちは今大きな転換点を迎えている。この一年半の新型コロナウイルスがそのことを強く教えてくれた。マスクやコロナ対策の決め手であるワクチンすら海外頼みであることが改めて知らされた。産業の血液とも言われる半導体も大半が海外頼りであり、自動車産業では生産に支障が生じた。そして、農産物も三分の二が海外頼みである。こうしたことがグローバリゼーションの一面でもあり、経済競争に敗れれば入手すらできなくなる可能性があり、安心した生活や働きはできなくなるということでもある。市場主義経済やグローバリゼーションを妄信してきた結果であるが、そろそろ心安らぐ落ち着いた生活ができる経済や社会の仕組みを求めていくことに取組みたい。

　幸い、前述したとおり地域や一部の民間企業では既に新しい取り組みを始めている。それは時代の変革に敏感に反応しているからにほかならない。こうした行動に注目し広げていくことを促進することが求められている。次世代に貴重な地球を引き継ぐ責任を我々は担っている。

（元筑波大学）

転機を迎えた東京一極集中と田園回帰戦略

持続可能な地域社会総合研究所
所長　**藤山　浩**

今のコロナ危機の背景には、大規模・集中・グローバル一辺倒があると思います。そこから、小規模・分散・ローカルの軸を打ち立てて、地元から世界を作り直す、という話をしたいと思います。私自身も、二十数年前に島根に戻ってきて、一〇年ちょっと前からは、島根県西部を流れる、日本一の清流、高津川のそばの岩山に家を建てて、子どもを育ててきました。

今年の連休に、中国山地を歩いていました。四月、五月だけは、私も、講演が暇で、その後、いつも以上に忙しくなるのですが、写真家の方を連れて、いろいろ歩いてきました。素晴らしいと思うのは、こうしたコロナ危機にあっても、ちゃんと、田植などの営みがされていることです。お年寄りが田植えをしている姿にすごく感動しています。彼らを取り巻く風景は、この二人がつくってきたものです。そうした営みは、このコロナ危機になっても脈々と生きています。

私は三年前に、島根県中山間地域研究センターを定年よりも早く卒業させていただいて、もっと自由に広くやりたいという思いがあって、自らの研究所を設立し活動してきました。おかげさまで、この四年間、数多くの自治体・地域と一緒に、田舎から世界をつくり直すことに取り組ませていただいています。徹底した診断をもとに、地域の人自らが自分の地域の可能性見出していく、現場でのワークショップも、この秋だけでも何十本もやりました。

中国山地は、過疎という言葉が生まれた所ですが、現場に足を運び、細かい分析をしてみると、一〇年ほど前から、けっこう若い人が入って来ています。地域の営みが土俵を割らずに、何とかつながり始めているのです。そこでは、新しい若い仲間が来ていて、起業しています。それらを孤軍奮闘ではなく、中国山地全体でつないでいこうと、「みんなでつくる中国山地」という年刊誌を昨年から出しています。私は発起人代表でもあります。去年、創刊号を出しました。そして、「地元から世界をつくりなおす」ために一〇〇年間頑張るための組織である「一〇〇年会議」も立ち上げ、私が初代会長になりました。

今日は、一極集中の弊害についてお話しします。実は、私も、大学のときに東京に出てきていました。満員電車に一時間揺られ、それを二〇年、三〇年続けるのは嫌だと思って、すぐに地方に帰ってきました。

都会にはタワーマンションがたくさん建っていますが、隣近所で会話さえもほとんど無いような社会で、どういう暮らしと老後が待っているのだろうか。一番大切なことは、家族で美味しい夕飯を食べることだと思っています。それは、手段ではなくて目的です。そして、ちゃんと地の物を使うことです。東京は世界最大の街ですが、夜の八時にお父さんが帰っていない世帯の割合では、世界の中でもダントツの一位です。こういったことはやはり間違っています。

私は、全国の市区町村の分析・予測をしていますが、東京二三区を分析してみると、三〇年後には、一〇〇メートル四方にお年寄りが四五人という密度になってきます。そうなると、介護・医療は当然、破綻です。そのとき、どういう暮らしが成り立つかはみえてきません。こういう究極の限界に向かっているのです。

私が田園回帰を唱えているのは、私自身が地方の暮らしを愛しているからですが、同時に、都市にとっても、これ以上人口を詰め込むことはもう無理だということです。

持続可能社会に向けた対応を

東京一極集中、グローバル路線はいつからか。過疎が始まってからこの六〇年くらいをみると、何度もその見直しのチャンスがありました。一九七〇年代は公害問題、成長の限界論、そして石油ショックがあり、そこで見直せばよかった。三全総は、七〇年代後半でしたが、そこでは、定住構想のようなものがあって地方回帰が打ち出されていました。しかし、その後日本はバブルに走ってしまった。バブルが崩壊して、これで懲りたかと思ったのですが、そこからさらに、原発拡大、大店法の廃止、アベノミクスという具合にきています。しかもその間に、東日本大震災・福島原発事故があって、これ以上集中したら危ないというときも改めなかった。そして、今、コロナ危機です。ここで、ちゃんと見直さなかったら、このまま突き進んでいってしまいかねません。決して、コロナだけが問題ではありません。地球温暖化、格差拡大、生態系劣化などもあります。したがって単に元に戻ればいいのではなくて、グリーン・リカバリーをする必要があるのです。そうして、この二〇二〇年代からは、持続可能な地域社会に向かって歩いていく時代だと思っています。

今のコロナ対策にも、対処療法ではなくて、もっと将来の持続可能性社会の先行投資になるような、特に循環型社会を目指すものを求めたいと思います。このままいくと、都市部を中心に失業が大量発生しかねません。例えば、世界大恐慌期のアメリカでは、当時のルーズベルト大統領がニューディール対策をおこないました。なかでも効果があったと言われているのが、民間保全部隊の創設です。当時、四人に一人が失業していた時代です。これに対して、単なる失業給付ではなく、もっとやりがいのある仕事・場所を提供するようにしました。全米、二六五〇か所に前線基地としてのキャンプをつくって、地域のベテラン住民たちに教わりながら、五〇万人を超える若者が国立公園などの環境保全に取り組み、その足跡は今も残っています。この日本版が要るのです。

私は田園回帰を唱えてきましたし、地方消滅論に対しても、いち早く、明治大学の小田切先生たちと、反対の論陣を張らせていただきました。それは、単なる理想論としてのノスタルジックな「田舎へ帰ろう」ではありません。現に、二〇一〇年代に入ってのデータを見ると、田園回帰が起きているのです。増田さんたちは、二〇一〇年までのデータしか見ずに、結論を出しています。二〇一五年を見ると、かなり違ってきています。去年の一月の全市町村の社会減率を見ると、たしかに東京の辺りが増加しているのは確かですが、一方、あちこち、山間部や小さな離島であっても社会増が起きているのが見てとれます。実は、中国山地でも、点々と社会増の所があります。さらに、三十歳代の女性が増えている自治体分布を見ると、面白いことが見えてきます。そういうことはめったに起こらないのですが一定の地域に集中する傾向が消え、離島や山の中でも増えている所があるのです。

人口増のランキングを見ると、社会増一位は占冠ですが、これはリゾートによるものでしょう。三位の赤井川もそう。二位の知夫村は人口六百数十人の島根県の離島です。小菅村は源流で頑張っている所です。早川町、高知の梼原町、大川村などが目立ちます。三十歳台女性の増加率が高い所もけっこう多いのです。こうしたことが実際に起きていることを、国も国民もまだ気づいていないようです。ぜひ、こうした事実をもっと届けていただきたいと思います。

ちなみに、西粟倉という小さな山村が岡山県の北東にありますが、ここも社会増で、特に子育て世代が多く入っています。有名ですので、ご存じの方も多いでしょうが、「一〇〇年の森構想」によって、森を活かす運動をしています。最先端の森林バイオマスボイラーを導入して、主要施設をつないでいます。ここでは、昔の小学校の校舎を中心にして、バラバラではなくて塊として、起業が連鎖的に生まれています。こうしたことが、そこかしこで起きていて、そこに希望があるのです。私は、一〇年ごとに時代を分析・検証していますが、この一〇年が一番ひどいと思っています。なぜかというと、ごまかしに走っているからです。地方は明らかに衰退していますが、その中での希望は田園回帰だと思っています。

地域の詳細な分析から事を起こす

全国でどんな取り組みがおこなれているかを見ていこうと思います。

私の研究所で独自に開発して進化させてきた分析ツールは、かなり小地域でも、人口の分析・予測ができるようになっています。ちなみに今年は、二〇自治体、一〇〇以上の地域で人口分析をおこなっています。新潟県では、農山村の一四地区を特に営農体制も含めて今後のプランをつくりました。宿根木という千石船で有名な地区があり、ここでは六〇歳台後半が最も多く、今の地方の特徴です。ここでも、今では子連れ層が入って来ています。年齢階層別の増減率をつくってみると、このままいくと止まらない子どもの減少も人口の減少も止まらず、高齢化も続く。だったらどうすればいいかという発想が出てくるようにしています。一番大事なことは定住を取り戻さなければいけません。たとえばこれを数字で見ると、一年に〇・二組。五年に一組です。

こういうことが分析ではっきり見えてきます。行政にしても、具体的にどれくらいになったら人口が安定するかとがわからないと、取り組みようがないと思います。地方消滅論の悪しき影響だと思うのですが、定住人口を大きく取り戻さないとだめだと思い込まされているのです。実は、毎年地道に継続すればよく、平均すれば一〇〇人に一人定住を増やすか、出ていく人を止めれば、安定することがわかっています。

人口全体だけではなくて、農業の就業人口についても分析できるようになっています。香川県と新潟県で使っていただいています。ある地域の例では、農業就業人口は四二人で、人口の三分の一くらいが主たる職業が農業になっています。農業就業人口の平均年齢が七七・七ですから、すごく高齢に偏っているのは確かです。

また、一〇年前の島根県でのアンケートで、草刈をやめた年齢を見ても、もう限界を超えつつあるのが実状です。どれくらいの人が農業に入ったか、そして引退したかを組み合わせてシュミレーションすると、将来の担い手の姿が見えてきます。そうすれば、どれくらい取り戻したらいいかがわかります。年に〇・一七組、つまり六年に一組、どれかの世代で取り戻していけば、なんとかいけるだろうとなります。

住民が出資した地域経営会社

とにかく、まずはきちんとした数字に基づく診断が必要で、それに基づいて具体的な目標をみんなが納得しない限り、取り組みようがないと思います。人口増について、年に一人でいいのか、五人か、一〇人必要なのかわからないうちは、農業の担い手確保についてもそうですし、空家の活用、子育て支援もやりようがありません。定住人口目標の設定については、私が「はい、こうですよ」と提示するのではなくて、地域の人でいろいろ議論して、シュミレーションしながら、ワークショップのように活動を割り出していきます。

中国山地のど真ん中、島根県邑南町では、地区ごとに毎年分析して、健康診断を受けるのと同じように、地域の人口診断をしています。今、人口は増えているか減っているか、このままいったらどうなるのか。子連れや青年組を何組取り戻したら将来安定するのか。そうした分析に全地区を並べてみないと、お互いの関係もわかりません。分析をしてみると、一〇〇〇人くらいの集落地域で、年にだいたい各年代一組か二組で安定に持ち込めます。そうすると、空家の活用も農業の仕事づくりの具体的な目標がわかります。ちなみに、邑南町は、毎年、地域振興ビジョンを町全体にとどまらず、地区別にも作成しています。そして、実際に定住を増やすための定住戦略を地区別につくって、それぞれの特色にあわせて頑張ります。

そして、必ず年に一回、お互いの成果と課題を共有して、ともに進化していくということに取り組んでいます。これが、ほんとうの、学び合い・磨き合いであり、進化のポイントでもあるのです。一つの地区がやって手ごたえがあったことは、ほかの地区もいい意味で真似をしていく。今では、地区内に地域経営会社という住民の方が出資した会社が出来始め、連鎖反応的に地区を横断して広がっています。こういう手応えを感じています。

今までの地域政策の展開はまったく有効ではなかったと思っています。きめ細かい現状分析と予測、つまり、診断があまりにも欠けていますし、行政から地域への一方通行も目立ちます。しかも、現状把握から解決に連続的につなげていくようなシステムが見えません。私たちが、全国の皆さんと取り組んでいるのは、まず地域の現状と未来を見える化することです。例えば三〇歳代女性を取り戻すか取り逃がすかで、その地域の三〇年後の人口はほぼ決まってしまいます。その現状は市町村ごとに診断してみないとまったくわかりません。それぞれの市町村をきちんと分析すると、成果を上げている地域、上げていない地域に共通するものが見えてきます。そうしたエビデンスに基づいて地域政策を策定してほしい。自分の地域の現状と将来を見れば地域の人も考えます。何で隣の地域はいいのか、何が違うのかを考えます。それがほんとうの進化の原動力ではないかと思います。

私の研究所では、まずは人口から始めますが、これは地域の総合評価のようなものです。そこに、地域の課題が見えています。この地域人口を地区別にし、分析・予測をします。これと連動して、地域の介護の分析・予測システムも出来ています。さらに、地域人口を毎年、人口の一%分を取り戻せばいいのであれば、地域経済循環の取り戻し、すなわち、取り戻さない所得も一%増でいいわけです。こうした地域の人口、経済、介護のようなデータに基づく見通しのうえに、将来の交通・エネルギーやインフラを考える。財政難だからこそ、ぜひ、こうした取り組みをしてほしいと思います。

産業連関分析で経済循環をみる

高度経済成長時代でもないので、ちゃんと食べていけるだけの、一%ほどの所得を取り戻せばいいわけですが、現状は、九〇年代終わりに大店法を廃止して、あとは嵐のように大型ショッピングセンターやロードサイドショップが建ち、全国どこに行っても同じようなペラペラの街づくりがされました。そうした施設のほとんどが、東京資本の域外企業によるものです。外からお金を持って来て外にお金を持って逃げますから、地域経済循環が喪失します。最近、ユニクロでは、無人レジを採用したので、人件費さえも地域に落とさなくなっています。産業連関分析等で調べてみると、地域経済はかなり前からそういう体質になってきています。私の住んでいる、島根県西部の高津川流域、益田市、吉賀町、津和野町の、七万人の人口を喪失しました。都市部では明らかに外からものを買い過ぎています。行政も企業も含めて一四二〇億円を外から買っています。一人当たり二〇〇万円です。これは、住民の所得額とほぼ等しいものです。なぜこれでも経済が回っているかというと、年金と補助金・交付税をもらっているからです。多くの地方都市の経済構造はほぼこういった形です。

では、これからの戦略はどうすればいいか。財の全部を地域内でつくることは絵空事です。一年ごとに、今まで一〇〇ほど外から買っているとすれば、それを九九に減らして、その一を取り組みやすいものから、地域内で出来るだけ原材料から作り始めることです。そうすれば、付加価値が地域中で発生します。それがちょうど所得の一％分になるようにすればいいわけです。言葉を変えると、皆さんのお金の使い道の一〇〇分の一ほどを、外から中に切り替えませんかということです。そうすれば、活路は見えます。自分のお金の一〇〇分の一の使い道を変えられないような地域が地域間競争に打ち勝って、外から持ってこられるようにはならないと思っています。しかも、内で稼いでも出るばっかりではいけません、バケツの穴は塞がなければだめです。

こういうことを見るために役立つ産業連関分析については、県単位の産業連関表は一〇年に一回つくればいいほうなので、なかなかつくられません。しかも、小さな町や村、地域でそれをつくるには結構なお金と時間がかかりますし、しかもバランスの取れた産業構造ではないことが多いので精度も落ちます。そこでより単純明快に、地域の経済循環を把握する方法はないのかと考えました。二〇一五、二〇一六、二〇一七年度に環境省から研究資金をいただいて、ＬＭＮ３という、当時イギリスで注目されていたより簡便な地域内経済循環の把握方法を取り入れました。それを使うと、消費・流通・生産の地域経済循環の実相がほぼわかるという手法です。数十のサンプルを追いかけていかなければいけませんが、循環が確実に見えてきます。地域内に回っているお金、その結果としての域内所得が見えてきます。

地域経済循環から見える存共栄効

その例を見てみます。二年前、人口五万人の益田市で採用してみました。おいしい飲食店が多い街ですが、分析してみたら、仕入れの段階で半分以上が市の外から仕入れていることがわかりました。生産者まで追いかけてみると、地域産比率はなんと一二％でした。島根県の人口五万人の街でも、ここまで対外依存度が進んでいるのには驚きました。嘆かわしい事実ではありました。

例えば、売上五〇〇〇万円クラスの居酒屋でも、全国チェーン店は基本的に地元から入れずに本部調達です。そこでは極めて安いアルバイト代しか地域に落ちず、儲けはすべて外へ持ち逃げです。一方、地元密着の店ではちゃんと地元から仕入れて、それが最終的には農家や漁師まで流れていきます。一万円で同じように飲み食いしても、地域経済にとってはまったく違います。居酒屋から、その仕入れの問屋、食料品店、そして農家や漁家へとやっていきます。例えばパン屋から追いかけても、原材料を地産地消にしていると結果はまったく違ってきます。同じ二〇〇〇万円を売り上げるパン屋があったとしても、外の工場でつくったパンを並べて売っているうちは、一一％しか地域の所得にはなりません。でも地元で焼くようになると、一気に三倍になります。米粉、小麦粉、餡など全部の原材料を地元産で揃えると、九〇〇〇万円が地域内に落ちます。地域外の大工場でつくったほうが美味しくはないけど安いかもしれませんが、そこに皆が走ると、所得を失っているということを皆が忘れています。野菜もそうです。島根県西部には、キヌヤという地元のスーパーチェーンがあり、地産地消で勝負しています。島根県にも大型スーパーが県外から入ってきていて、そうしたところはすべて同じビジネスモデルです。

しかし、キヌヤは地域との共存共栄を考えて、地域農家をはじめいろいろな業者のためにコーナーを提供していて、そこには誰でも一五%で商品を置くことができます。そうして、地産地消率を毎年一%ずつ増やしていって、今では、仕入額が一八億円になっています。今では、若いU・Iターンの農家もここで販路を拡大しています。地元の野菜を置いていないスーパーだと、二〇〇〇万円でも二二〇万円しか地域に落ちませんが、すべて地元の農家から入れているコーナーがあれば、一〇〇〇万円が地域の所得になります。こうしたことを分析し、地域の住民・消費者も考えてほしいと思います。

もっと細かくやろうとして、毎年一、二町村では、家計調査にまで乗り出しています。昨年、宮崎県の山奥の五ヶ瀬町で実施しました。家計簿を品目別につけてもらい、地域内で買ったか外で買ったかまで記入してもらいました。そうすると、地域の暮らしの実相がわかります。ちなみに、食品部門の一位はたいていの地方都市がそうですが、外食です。七割が外で食べています。その次が肉で三分の二は外です。三番目はお菓子で、半分くらいが外で買っていて、そのほとんどは都会のお菓子です。こうして品目別に分析して、取り戻しのターゲットを定めなければいけません。パンなど食品部門の取り戻しの今後の戦略が具体的な見通しとして、どれくらいの所得増につながるかと見えてきます。弱点が逆に狙いどころになるのです。こういった、より具体的な地域経済循環の効果をみることができます。

まずは地域全体で土台をつくって

人口も経済も循環型にしていかなければなりませんが、社会の仕組みなども、ヤマタノオロチのように分野を横断したものがこれから求められます。こうした組織をまずは、一次生活圏くらいからつくっていく必要があります。すでにいろいろな取り組みが始まっていて、先ほどの島根県邑南町では、一二の地区がそれぞれ頑張っています。その一つの出羽地区では、十年前に人口診断をし、一二集落の中には、二〇、三〇人になっている所もあるので、集落でスクラムを組んで自治組織を立ち上げました。連動して、農業においても、中山間直接支払事業を一緒に取り組もうとなりました。そういう小さな集落でもあきらめずに、連携して取り組む場合には割増がつくので、全部で二〇〇〇万円近い資金を動かせるようになりました。その会計事務については、コミュニティのも農業のも一緒にやって、地域マネージャーがそれらをサポートする。

このように分野を横断した取り組みが始まりました。その後、全国の、三〇〇人から三〇〇〇人くらいの地域で同じような取り組みがされるようになりました。そうした地域では、一次生活圏は二頭立ての体制になっていて、自治組織には常駐のマネージャーがいて機動的に動かすことができます。さらに、地域住民が、少額でもお金を出しあって会社をつくることによって、ダイナミックに動いて課題に対応していこうとしています。

例えば、自治組織では農業の担い手は雇えませんが、会社をつくれば直接支払の二〇〇〇万円で雇おうと思えば雇えなくはありません。農業大学校を出た若い二人を雇って、自分の農業をさせながら、地域内の農地で人手が足らない所をサポートするということを始めています。ここでは、空家にも頭を悩ませていました。放っておいて個人任せにしていては、荒れるばかりです。私の事務所は、空家を徹底的に直しましたが、全部で四〇〇～五〇〇万円かかりました。そこまでして、安く貸してくれる家主はほとんどいません。個人任せにせず、会社として、都会にいる家主と交渉して、放っておいてもどうせだめになるのだからと、直さなくていいから貸してくれといって、借り受けます。

そして、島根には定住財団という県の組織があり、そこからかなり有利な条件で融資提供等を受けることができますので、空家を直して、比較的安く貸しています。パン屋も、空き店舗を会社で改築し、起業できました。個人の頑張りも必要ですが、まずは地域全体で土台となる部分、プラットフォームをつくっていく会社が増えています。私はこれを地域経営会社と呼んでおり、去年から、山口県庁とセミナーを開催しながら現場支援を始めたところです。

心配な優先順位は介護と医療

新しい過疎対策として、特定地域づくり事業協同組合が注目を集めています。農業をはじめ観光など、今までは周年雇用が難しく、社会保険等もなかなか賄えないという地域の事業主体が四つ以上集まって、周年雇用や社会保険なども実現しようという場合、運営費の半額が助成されます。やる気のある所はこれに向かって動いていますし、もう次々と出来始めています。こうした組織や団体による縦割り解消は、小さな拠点の合わせ技なのです。これによって、定住と循環を分野横断して支えようということです。決して、おじいちゃん、おばあちゃんを山奥から追い出すということではまったくありません。いわゆる、「街型コンパクトシティ」のような考え方はいっさい入っていません。

島根県雲南市の一番奥の波多地区は人口三四〇人ですが、最近、商店が復活しました。交流センターという拠点は、それまでの縦割りで運営していた公民館と福祉センターの機能、そしてコミュニティセンター機能を合わせました。人もバラバラに雇うのではなくて、一千万円ぐらいを二五の地区ごとに一括交付して、地域で一番動きやすいように活用しています。「きらきらガール」という組織は地域の女性が主人公で、普段は、元の小学校の職員室を事務室にして福祉の仕事や公民館、コミュニティの仕事をしていますが、お客さんがきたら、元教室の商店でレジを打ちます。こうした合わせ技で、全体が回っていて、なおかつ無料で送迎や配達もしています。集落が分散しているので、それがなかったら、暮らせない人がたくさんいます。送迎や配達は無料ですから、交通部門としては赤字ですので、そうなら止めようというのがこれまでの行政の判断でした。

しかし、それをやめたら、多くの人たちが自宅で暮らせなくなり、地域内に施設をつくらなければいけなくなるかもしれません。そのほうが、よほど物入りです。財政難だからこそ、住み慣れたところで暮らせて、余計な出費がかからない道を選ぶべきだと思います。

こうした分野横断的な合わせ技は、気づいたところはどんどんやっています。島根県益田市の真砂という人口四〇〇人くらいの地区では、スーパーがある所から二〇分ほど山の中に入った所です。ここでも商店が無くなったので、特に、車の免許を持たないおばあちゃんたちが困っていました。それを見かねた地元のデイサービスが、週に一回程度、無料でスーパーまで送るようにしました。そのうち、週に一回いくのであれば、手ぶらでいかなくてもいいのではないか。このおばあちゃんたちは野菜づくりの達人ですから、小さな拠点である公民館に車で野菜と一緒に集まって、並べて売って帰る。素晴らしい合わせ技です。

特に国は、農業の売上ばかり評価していますが、そうではなく、売上は数千円、数万円とつつましいいものかもしれませんが、それで元気に一年を過ごせればいいのではないか。介護の対象になったら平均して一五〇万円と医療費が要ることを考えると、元気でいられれば二〇〇万円からの価値がある。そういう計算をしなければいけないのです。つまり、地域としての連結決算です。今までは、とにかく規模の経済で、それぞれ分野ごとに規模の経済を効かせようとしてきたから、縁辺地域の良さが活きませんでした。むしろ、交通は赤字でけっこう。買い物と農業でもあるいはカバーできていないかもしれませんが、今、一番心配なのは介護と医療ですから、そこを含めて黒字になればいい。むしろ、それを逃がしたらだめなのです。こうした考え方であり、横断的な事業組織というのが、これから不可欠だと思います。

農山漁村に高い「お達者度」を活かす、

実際に地区ごとに、介護保険のデータを使っての分析もおこなっています。高齢化が進んでいる地域ではすでに一人二〇万円くらいはかかってしまっています。農山漁村のほうが、一般的に「お達者度」は高く、東京二三区はかなり低い。二〇くらいの自治体でやってきた結果をみると、面白いことがわかります。地区ごとにかなり違うのですが、例えば、山口市の中山間地域では、けっこうみんな二万円、四万円の介護保険料を浮かしています。これは一人当たりですので、合わせるとけっこうな金額になります。単純に言うと、全国で、二兆円、四兆円ということになります。一定以上を浮かしている所は、何らかの背景があり、決して偶然ではありません。生涯現役のコミュニティ活動や農林業があって、出番・役割・活躍の場を、皆でちゃんとつくっているかどうかということが効いてきます。分析をしていって、地区同士を比較し、それをフィードバックすることで、学び合いを誘導したいと思っています。

そのように、地区全体を分野に横串を刺してやると、当然、定住や経済の問題も、地域ぐるみの福祉も関わってきます。そういうものに対して、どのような地区支援をしているかというと、例えば、今年度の事例では次のようなことに取り組んでいます。宮崎県美郷町には、二四の行政区があって、一行政区当たりの平均人口は二〇〇人ですが、地区ごとの人口診断をして、地区を歩いて、地元関係図をつくりました。どんな組織や団体があり、それがどうつながっているかをまとめたものです。そして、定住に向けてそれらをどう進化させていけばいいかを提案して、現在、報告会が終わったところです。

鬼神野という三四七人の地区ほど、多種多様に頑張っている所はないと思います。頑張っているだけに、住民は役も多くてたいへんですが、若い人も含めて頑張っています。地域の人と一緒に、若者グループとベテラングループのように別れて、ワークショップをして、地元天気図をつくりました。これから次世代の定住をさらに増やすとすれば、どこが強み（高気圧）で、どこが弱み（低気圧）か、連携不足は寒冷前線で表します。こうすれば、抽象論ではなくて、どこに一番可能性があり、課題があるかというのが具体的に一目でわかります。

こうしたワークショップを全国でやっており、非常に手ごたえを感じています。誰もがわかりやすい、こういう取り組みを、人口診断から介護の診断などに進化させ、さらに地域全体のつなぎ直しを考えます。組織がどうしても足らない場合は、法人をつくることもやっていきます。こういった地域の仕組みづくりも、一、二年で結果が出るということはなく、行政側も含めて、やはり一〇年ぐらい頑張ったところに花が咲いています。地域がばらばらではなく、地域同士がお互いを励まし合いながら階段を上っていくことを、私たちは支援しています。そこで一番肝心なのは、まず診断から入ることですが、そこはぶれないようにしています。

循環型社会へ、遅ればせながら先行投資

これからは、循環型社会に舵を切らなければいけません。日本も遅ればせながら、二〇五〇年にCO_2排出を実質ゼロにするとしています。循環型社会にならないと、地域も地球も持ちません。私たちは、人口や介護の分析、経済、家計調査の分析もしますが、ＬＭ３で地域内循環も提示して、こうしたことを組み合わせると、一〇〇〇人くらいの村におけるお金の流れが見えてきます。島根県を例にとると、県民所得が一人二四〇万円、一〇〇〇人の地域で二〇億円ちょっとの経済圏です。そこで何に一番お金が消えているかというと、介護と医療です。ここに六億円、一人当たり二〇万

円から四〇万円です。他の出費の御三家は、食費、交通、エネルギーで、それぞれ三億円、三億円、二億円、一人当たり三〇万円、三〇万円、二〇万円です。このうち、六億円にあたる、一人当たり六〇万円分が外に出てしまっています。ほんとうは、農地や森林がありますから、ここで自然の利子が毎年生まれていますので、ここをつなぎ直さなければいけません。食費・交通・エネルギーだけで、毎年、六億円が出ていくということは、単純に計算すると三〇年で一八〇億円が出ていくことを想定しなければいけません。

　これでは地域経済は破綻です。買わなければいけないものは、むしろ自前でつくり始めたほうがいい。エネルギーは自分たちで発電所をつくって確保する。交通もシェアリングも含めて自前でやる。食料はもちろん地産地消に切り替えていく。そうして域外からの購入額を減らし、なるべく地域内でつくることで所得増をもたらす。これが、循環への道です。

　まずは、地元の一次生活圏くらいを循環自治区とします。私は「緑の自治区」と呼んでいますが、ここでまずつなげるものはつなぐ。特に、再生可能エネルギーはここで頑張りたいことです。次に、それを地方都市くらいでお互いに融通しあい、域内の市場機能を復活させなければいけません。そして、さらに県や地方ブロックぐらいで取り組んでいく。現在、輸送や情報の仕組み、決済の仕組みなどはすべて大都市集中・グローバル優位にできていますから、これらを組み直していかなければなりません。今では、ブロックチェーンのような、新しい決済の仕組みがありますが、そういうものも含めて、今から、小規模分散、ローカルでつなぎ直すことが、情報面でもできるようになってくると思います。

実際に、いろいろなつなぎ直しが始まっています。例えばソーラーシェアリングです。農業をしながら、三分の二を太陽光として作物栽培に使い、三分の一は発電して、一石二鳥にする。一部農地転用が必要ですが、これから有望なシステムです。去年、ドイツを視察してきましたが、エネルギーを自給している村がどんどん現れています。牧場も、メタンガス発酵による自家発電を導入しています。自動車も、ＥＶ化あるいはシェアリングに舵が切られています。ただ日本の場合は、経済が自動車産業で支えられているので、動きに乗り遅れないようにはどうすればいいかという大きな課題があります。トヨタ自動車が富士フィルムになれるかという話です。オーストリア、スイスの地方都市も見ましたが、日本のようなシャッター街ではなく、ちゃんと息づいています。伝統的な中心市街地の地下には、最新鋭の熱供給管路があって、周囲の森林のバイオマスで、CO_2を出さずに効率よく熱源を賄っています。日本も、こうした方向にもっていくべきです。二〇年、三〇年後には、この方式のほうが得策だとわかるはずです。

循環型社会に向けた取り組みは、今後三〇年かかるし、かけないといけません。人口をいっぺんに都市の団地のように増やしたら、また高齢化が一挙にきます。バイオマス利用や耕作放棄地の解消も、生き物が相手の話なので、やはり三〇年かけてしっかりバランスを取りながらやっていかなければいけません。もっと広葉樹も増やさなければいけません。また、建物など社会インフラも、できれば熱供給効率のために集中させたいのですが、すぐ来年から集めるのは難しいでしょう。こうしたことを考えて、これに向けた、長期投資、先行投資ができるかどうかに、地域社会の将来がかかっているのです。そのための三〇年の工程表をつくらなければいけません。特にこの一〇年で、どれだけ集中的に変えられるかがポイントだと思います。石油ショックのときの省エネ行動を考えればわかるように、日本は、やるしかないとなったときは、それができる集中力を持ってきた国であると思います。過ちは認めて、この一〇年を果敢に乗り出していきたい。そして、われわれ五〇、六〇代のおじさんたちはまったくわかっていないので、この二〇年、三〇年を、早く若者たちにバトンを渡していかなければいけないのではないかと思っています。

（ふじやま　こう）

〈質　疑〉

―― 一九七〇年代にローマクラブの「成長の限界」が出ましたが、それが今の危機的状況への警告だったと思います。それが活かされなかったのはなぜなのでしょうか。

藤山　ローマクラブの報告は、資源や環境汚染、食料などを組み合わせて、システムダイナミクスとしてシミュレーションをしたところに意味がありました。しかも、そのシミュレーションが当たっていました。しかし、当時は、まだまだ科学技術への信仰があり、しかも、発展途上国と先進国との格差もありました。そのために、みなさんに現実的とは受け取られなかったのではないでしょうか。

――田園回帰の一方で、東京への一極集中も未だに止まっていないようですが。

藤山　今、東京一極集中が起きている一方で、縁辺革命も起きていて、これが並行しているのが、二〇一〇年代の特徴です。ただ東京も、この五月から社会減になっていますが、むしろ、今、地方で人口の絶対数が減っているのは、地方都市の真ん中においてです。大店法の廃止を受けて増えた、ショッピングセンターやロードサイドショップのあおりを受けています。これが特徴です。

――地域循環ということについて、例えばその具体的な範囲はどのように考えればいいのでしょうか

藤山　これも、循環型経済をつくることに日本がどこで間違えたかを、はっきり示しています。必ず、重層的に考えなければいけません。まずは、三〇〇人から三〇〇〇人くらい、田舎ではそのくらいが小学校区になっています。それが一次生活圏で、公民館やちょっとし

たお店、診療所もあります。ここでまず、循環を取り戻すことが必要です。そこで一〇〇%は無理なので、やはり次は、地方都市レベルで、三万から三〇万人のレベルです。多くの地方都市の成り立ちは市場町で、昔は、そこに野菜市や牛の市場、魚の市場があり、それで皆が、懐が暖かくなったから、飲み屋街が出来てきました。そうしたところを再構築していかなければだめだと思います。

しかし、今までやってきたのはその逆で、ドカンと、とにかく大きなショッピングセンターを外から持って来て、そこで買いまくるということです。そこのつなぎ直しが必要です。ほんとうにおいしいものは、地域内でしっかり活きのいい物を調達して来ないとだめなので、そこのつなぎ直しが必要だと思います。そのためには、少量多品種の物がきちんと届くようなシステムをつくらなければなりません。

―― ふるさと納税の経済効果はどのように計算できますか。

藤山 これは、事業構想大学院の報告書で発表したことがありまして、はっきりしています。地元でちゃんと原材料からつくった物を使うかどうかがポイントです。アマゾンの商品券など問題外で、金持ちの節税以上の意味はないでしょう。全体としての税の仕組みとしては、私は問題あると思っています。

―― 農山村地域でも社会増が出てきているようですが、その理由はどこにあるのですか。

藤山　農山漁村の全体で社会増が起きているわけではありません。今までの大規模集中・グローバルの中で恵みの薄かった端にその動きがあります。しかもそれらは、だいたいが合併していない所です。この辺りに秘密があって、一つは大規模集中・グローバルに一番期待できないと覚悟を決めて、借り物の豊かさではなくて、地元にあるものからちゃんと循環あるいは生業をつくろうとしている、そういう所に人が来ていると思います。そうしたことを積極果敢に展開できる自己決定権が、合併していないのでそこにあるのだと思います。

それから、やはり社会増の一番大きなきっかけは、リーマンショックもありますが、それ以上に3・11です。そのときに、今の三〇歳前後の子育て層が、このまま都市に住んでいていいのかと揺さぶられたのは確かだと思います。成長経済に対する、ほんとうにだいじょうぶなのかという不安がバックグラウンドにあったと思います。それが、小規模分散・ローカルでも、自分たちで見える範囲で循環を構築しているようなところに向かっているのだと思います。就業機会についても、今は就職の時代ではなく起業の時代です。私は、生涯サラリーマンみたいな時代はもう終わったのではないかと思います。特に女性は起業志向が高いようです。

――地域会社が繁栄するためにはどのような仕組みが望ましいですか。

藤山　仕組みはすごく重要ですが、まずは、地域の人が幅広く出資してつくることです。

そうしたすそ野の広い、住民が主役の会社をつくることが必要です。税制や金融などいろいろありますが、一番は分野横断の連結決算ができるというところが肝です。そこに対する規制緩和、しかも大企業が儲かる規制緩和ではなくて、一定以上の人口規模の所にある会社に、ほんとうに規制緩和をしなければいけないと思っています。ガソリンスタンド一つつくるにしても、ほんとうに、山ほど面倒くさい法律があります。そのへんの緩和は必要だと思っています。

――地域を引っ張っていく人材はどのように育てていくのでしょうか。

藤山　私は基本的に、リーダー待望論は採りません。リーダー論は「やらない理屈」のナンバーワンです。地域にとっても、行政にとっても。むしろみんなが危機感やこれからの可能性をきちんとした予測・見通しで共有し、仕組みとしてつくっていくことが大切だと思います。小さくてもいいからいろいろなアクションを起こすなかで、それぞれの得手不得手が自ずから表れて、そういう方たちが集団としてリーディンググループになっていくような体制を応援したいと思っています。

――田園回帰を受け入れる側としては、何をするべきだと思われますか。あるいは、変えていくべきところはありますか。

藤山　一番必要なのは、長い目でみて自信をもつことだと思います。今回のコロナ危機でも、本当の意味で、農家も含めて、食料が消えるということにはなっていません。今の若い人たちは、買うのではなくて自分たちでつくりだす暮らしに向かいつつあります。そこに希望があると思います。また、単に農家・農業だけで儲けるのではなくて、地域全体として連結決算として儲ける。分野横断で、特にエネルギーも含めたところに活路があると思います。

――公共調達の仕組みや地域金融への規制、エネルギー政策など、地域浮上を妨げている制度などに関して、改善点はありますか。

藤山　国は今までは、とにかく大規模集中・グローバル一辺倒ですから、そのバイアスを変えていくことが第一だと思います。またぞろ、原発を残そうと言っているのでは、まったく間違っていると思います。原発だけではなく、なぜ、大規模な発電がだめかと言うと、大規模な発電をしてしまうと、たくさんの熱を捨てることになってしまうからです。だから、全体としても効率は落ち、結果として、地元に貢献するお金も少なくなる。

――ＩＴ技術の使い方も、これからは考え直さなければならないのではないでしょうか。

藤山　その通りだと思います。ＩＴも結局はＧＡＦＡに牛耳られています。それではだめです。今、私が注目しているのは、ブロックチェーンです。分散型で自律的、しかも変な中央管理者がいない。ほんとうは、そうしたことにＩＴの良さがあったはずです。そこを頑張っていかなければいけません。

――今日お話しいただいたような取り組みに、若い人は積極的に関わっていくでしょうが、お年寄りはどうでしょうか。

藤山　ワークショップをすると、一番、面白くて具体的で、建設的な意見をだすのは、ベテランを含めた女性です。逆に、最も踏み出さないのは、七〇歳以上の男性ですが、これはしょうがないんです。とにかく、失敗したくない恥をかきたくないというのがあって、今さらという気持ちもあるようです。こうした人たちが牛耳っているうちは、日本の地域社会はだめです。

――地域通貨については、どのように評価されますか。

藤山　地域通貨は数年前にブームがあって、その後停滞し、また今、復活しています。私は、地域通貨を運用については、木の駅みたいなプロジェクトに、今までお金にならなかったものが、地域社会の中で役立つようになればいいとは思っています。例えば、温泉の燃料に間伐材がなるというものでもいい。今まで価値を生まなかったものは、価値をチャージする部分がないといけないのですが、ただ地域通貨をやればうまくいくということではないと思います。

――絶対量としては小さい地域エネルギーの重要性を訴えていくには、どうすればいいとお考えですか。

藤山　再生可能エネルギーは分散して発生しますので、一つひとつの地域エネルギーが小さいのは当然です。しかし、それをすべての地域でやれば、莫大なものになります。むしろ、私はそのために一定の田園回帰が必要だと思います。東京に生活していて、再生可能エネルギーを使いまくるのには無理があると思います。もう少しバランスをとって、田園回帰を含めたモデルにするべきです。それぞれが熱も使わなければなりません。

――単にエネルギーとしてだけではなくて、農業への利用や高齢者・障害者雇用の場、景観といった、他分野との関係で価値を生み出すことも考えられると思いますが。

藤山　特に地方の中心街に近い所では、熱供給管を敷設するタイミングで、電線も光ケーブルも一緒にやってほしいと思っています。しかも、自動運転にする。それくらいの発想です。今から、大インフラ整備時代だと思います。これだけ、内部留保が溜まっているので、そのチャンスだと思います。そうした、ほんとうの意味での骨太な政策がまったく出てきません。

――これからの新しい時代の農業のあり方とは、どのようなものだとお考えでしょうか。

藤山　われわれは稼ぐために暮らすということにさらされてきて、今、ある意味では無力になってきています。そして、分断されてきました。本当は、暮らすために稼ぐのです。そのように、暮らしから見直していきたいと思います。地方に移住して農業をする場合も、そういう観点に立つべきです。消費者も含めて、お互いに暮らしを見直さなければいけません。今はあまりにも食料が安すぎます。農業も、規模拡大に歯止めがかかっておらず、その発想ではだめです。農業も観光も不特定多数を相手にしたビジネスはやめたほうがいいと思っています。それよりも、それぞれの暮らしを大切にする同士がつながりあうような、特定で継続的な、生命線としての農業をしてほしいと思っています。

（二〇二〇・一一・一六）

持続可能な林業振興と地域経済

北海道中川町産業振興課
主査　高橋　直樹

皆さん、今晩は。北海道中川町は稚内市から南に約九〇キロメートル、北海道でもそれより北にはあまり町は無いような所です。人口は一四〇〇人と、非常に小さな町で、森林が全体の八六・七％を占めています。中川町くらいの規模ですと、森林率が八割を超えるのは珍しくはありません。八七％の森林のうち、国有林が六割近くを占めています。本州の林業地と違うのは、天然林率の高さで、一万一〇〇〇ヘクタールは北大の研究・演習林となっています。天然林といっても、北大中川研究林以外は、いわゆる原生保存林のような天然林というよりは、過去に開拓地にかなり人手が入ってそのまま放置され、再生したりあるいはそうならなかった森林を抱えています。

今日は、森林政策をめぐる中川町の問題意識、それを受けて中川町がどのような森林づくりをしているのか、そして最後に、木材の利用や森林の利用について、中川町の取り組みをご紹介したいと思っています。

今回の研究会の重要なテーマとして、ポスト新型コロナ時代に取り組むべき農山村の取り組みがあると思います。もともと中川町は、林業は「グローバリゼーションとどう向き合うべき」か、昨今の大規模伐採から大規模工場へという林業の流れが、本当に地域を幸せにするのかどうか。例えば林野庁の大きな政策目標として、国産材率をどこまで高めるか、つまり木材自給率をどうするかがあります。しかし、地域にとって、木材自給率がどうなるのかはあまり大きな関心事ではなく、森林を舞台に持続的な方法でいくらぐらい稼げるのか。欲張らずに人間と自然がどう共存するのかということが大きな関心事であると思っています。そういう中で効率化や集約化、機械化、商品化、森林の均質化などが、地域にもたらすものはなにか、ということに非常に大きな問題意識をもっています。

現在、わが国の林業は、グローバリゼーションと向き合わなければなりません。ガット・ウルグアイラウンド以降、原木丸太には関税がかかっていませんので、国際化の波に飲み込まれています。そのなかで今の国の森林政策方向は、そういったことを前提として、国産材率を増やすために、国際価格と対決し、例えば、「一立方メートル当たり国際的な木材単価は一万円ですから、昔のような高単価をイメージせずに、いかに生産コストを圧縮しましょう」というのが、大きな一つの流れです。

そこで問題となるのは、木材産業の体質強化対策として、小さな製材工場が大きな製材工場に再編されようとしていることです。私たちは北海道の北の果てに位置しておりますので、市場的な有利性はほとんどなく、再編されてなくなるべき工場を有する町です（現時点で工場はなくなってしまっています）。それは、大きな時代の流れの中で止むを得ないという考えもあり、こうした政策方向をすべて否定するわけではありませんが、中川町のような小さな町の大きな関心事は、わが町の木工場を守れるのかどうか、そこでの雇用を守れるかどうかということです。木材の輸出、大都市圏におけるＣＬＴや木質バイオマス利用といったことを木材利用の中心に据えるべきなのか。国としてはそうであっても、中川町の目指す方向については慎重であるべきです。

地域の中で木を使う仕組みが出来ていない

旭川家具は日本五代家具産地に数えられていますが、そことお付き合いするなかで、意識し始めたのが、ウッド・マイルズあるいはウッド・マイレージです。農業の関係者にとって、フード・マイレージは馴染みがあると思いますが、それを木材に置き換えた考え方です。いわゆる林業先進国と比較すると、日本のウッド・マイレージがどれほど高いかがわかります。日本は、国土の七割を森林に囲まれていながら、自分の所の森林はうまく使えず、大部分を海外から木材を輸入しています。

家具を生産して販売する場合、例えば、北アメリカで木材を伐り、タンカーで油をかけて輸入して、北海道の家具産地である旭川市で加工して、それを中国市場やアメリカ市場、ヨーロッパ市場で売るということは、ヨーロッパの環境意識ではとうてい認められず、そのような商品に価値は見出していただけません。アメリカ市場でも同様の傾向があるそうです。このような現状でいいのかということを、家具産業とのお付き合いのなかで、私自身も問題意識をもちました。

グローバリゼーションと切り離すことができない。木材産業や森林・林業のあり方を問題意識に考えるなかで、相川高信氏の『先進国林業の法則を探る』に出会いました。木材産業が集積している所は森林が多く分布している所で、それはドイツが典型的。一方、日本は海岸沿いに大規模な製材工場があるけれども、森林が分布しているというよりは、大消費地に近いから。そこから木材を使うということが、山村の林業振興にはほとんど貢献していないということがわかります。

また、日刊木材新聞の記事を見ると、旭川の家具産業でもロシアのナラ材・タモ材を多く輸入して使ってきましたが、中国が天然林の伐採を全面禁止にしたことで、世界の広葉樹市場の均衡が崩れ、中国が越境してロシア側のナラ材やタモ材を違法伐採し、そのためロシアが同材をワシントン条約の希少樹種に認定したとしています。結果として、高関税や輸入ができなくなるなどが起こり、北海道の家具産業が打撃を受けることになりました。したがって日本五大産地に数えられるような旭川家具であっても、地域の中で木を使う仕組みが出来ていないと、まったく自分たちでコントロールできないことに一喜一憂せざるを得ず、ビジネスも成り立ちにくいのです。

中川町では、木質バイオマスエネルギー利用についても検討しました。そのときは、発電を検討しました。先行事例として、紋別市、苫小牧市にも木質バイオマス発電所がありました。発電規模からみる木材の集荷範囲をみると、多くの発電所同士でその集荷範囲は重複しています。一時期、木質バイオマス発電がもてはやされましたが、それで、本当に地域の森林は大丈夫かと危機意識を持っていました。まずは、その地域あるいは木材利用の文化のなかで、最も長く使えて高く売れる、そういう使い方を考えなければいけません。たしかに、カーボン・オフセットかもしれませんが、燃やしてしまえば、それで終わりです。そのようなあり方がほんとうに正しいのか、「改めて立ち止まって考える必要はないだろうか」ということです。

木材会社からいただいた、ある見積書があります。それには「末口三六㌢以上の材は各樹種とも五五〇〇円とさせていただきます」、「Ｂ材は一六㌢以上、一四㌢以下はパルプ材とさせていただきます。三四㌢以上についてはＢ材扱いとなります」、「元口径級五〇㌢を超える材は四五〇〇円です」とあります。どういうことかというと、例えば集成材やＣＬＴ原料、木質バイオマスエネルギーが木材利用の主役であれば、森林にとって木を太らせる意味は経済的にはほとんどないということです。どこか遠くの町で高く買ってくれる所があったとしても、木材はどこまでも運べる性質の商材ではないので、地域においてこういう価格形成が一度されてしまうと、例えば、カラマツの一番太い径級が二〇センチからとなっていますが、経済的な意味でこれ以上太くする理由がなくなります。本州でも、一六センチ～二四センチくらいが適寸だと言われています。森林所有者にとって、北海道のエゾマツやトドマツを太くする経済的なメリットは、ほとんどないのです。

「提案型集約化施業テキスト」によると、成長速度のピークに標準伐期齢が設定されており、例えばカラマツは三〇年生で、トドマツは、もともと五〇年生だったのですが、今は四〇年生、アカエゾマツは六〇年生で皆伐が認められています。「標準」伐期齢とあり、この名前だと、皆、標準伐期齢で伐ったほうがいいと思ってしまいます。しかし、林分の若齢段階でこのピークがきて、成熟段階や老齢段階、つまり公益的機能が高くなるタイミングとはずいぶん時間的には差があります。

北大と連携協定を結ぶ中川町の森林づくり

中川町では、町有林は原則として皆伐を禁止しています。私有林についても、皆伐の制限をおこなっています。木を太く育て、森林を長くそのままの状態にして、長い時間をかけて森林を育てることに経済的なメリットが乏しいなかで、北海道や南九州は特に皆伐型施業が非常に流行っていますし、皆伐放棄地も増えています。その中で中川町は、町有林は原則皆伐禁止、私有林もおおむね五ヘクタールまでしか皆伐を認めていません。法律上、普通林と保安林という区分があり、普通林は皆伐面積に制限はありません。保安林は種類によりますが、二〇ヘクタールまで皆伐が認められます。これは、膨大な面積であり、山は丸裸になってしまいます。それでいいかどうかは、慎重な判断が必要だとして、皆伐に制限を設けています。

また、北海道では一〇〇％伐ってしまって、その後にカラマツ類を植えることが主流ですが、そういうことはせずに、一部の木は残して、その下に日陰に強い性質を持っている木を植えるようにしています。また、天然更新補助作業といって、北海道は幸いにして、また中川町は特に天然林率が高いので、その資源を活かして、木の苗を育てて植えるのではなく、森林が供給してくれる種を利用した森林の更新をしています。それらを支える学術研究機関と調査・研究もおこなっています。特に北海道大学研究林が中川町にあり、包括連携協定を結び、非常に熱心な協力体制をしいていただき、勉強させていただきながら、森林づくりを進めています。

旭川家具を産地としてつくりあげたのが、長原實さんです。すでに、お亡くなりになりましたが、カンディハウスという家具メーカーの社長、会長、顧問を務められました。若かりし頃、ドイツに家具製作のために留学され、オランダの港で北海道産ミズナラが山のように積まれているのを見たそうです。ヨーロッパでは、その北海道産ミズナラで高級家具をつくって、どんどん日本に輸出していました。北海道はそのミズナラを二束三文で輸出していたのです。そのことに非常にショックを受けて、留学から戻ってきて、旭川市で、インテリアセンターという高級家具メーカーをつくりました。

長原さんはドイツでの留学経験のなかで、寄宿先が、森林管理をするフォレスターの家であったこともあって、そこでドイツの林業をつぶさに見ていました。私が、彼が亡くなる半年くらい前にお話ししたとき、唐突に、「日本の林業が良くなるためには何が必要と思うか」と質問されました。私は、間伐の必要性や機械化、木材価格のことなどを考えましたが、長原さんの答えは、「高橋君、馬に乗りなさい」というものでした。長原さんが留学していた当時は、ドイツのフォレスターは馬に乗って、ライフルを担いで、違法伐採を取り締まったり、森林の管理をしていました。寄宿先の娘さんも、お婿さんにしたい職業のナンバーワンにあげていたそうで、子どもの憧れの職業の一つでもありました。それを象徴的に表現したのがその言葉でした。

つまり、日本の林業が良くなるためには、まず子どもが憧れる職業にならなければいけないということでした。私は、今の日本林業の方向性は、果たしてそうかということになっているかに自信は持てませんでした。

病気にかかった樹、倒れた樹を敢えて残す

私たちは森林と長く付き合いながら、本質的な意味で森林を管理し、そこから出てくる森林の恵みを利用するという地域としての暮らし方が、魅力的なのではないかと考えました。ですから中川町では、天然林であれば老齢段階まで持ち込み、人工林であっても非皆伐型の更新を選択し、皆伐

更新は選択しないことにしました。北海道の林業は、造林樹種のおよそ六〇%がカラマツです。グイマツやグイマツF1というカラマツ類に分類される木を入れると、七〇%がカラマツ類ということになります。

一方、北海道における農薬の空中散布の事業量は、平成二四年度には一億七五〇〇万円であり、それだけの費用をかけて野山に農薬を散布しています。カラマツ類は野ネズミ被害に弱い木ということもあって、野ネズミ被害を軽減するために補助金を使いながら、農薬の空中散布をおこなっています。中川町では農薬の空中散布はおこなっていません。北大の中川研究林でおこなわれた研究成果によると、典型的な樹上生活者であるエゾモモンガは、枝抜け・倒裂等に起因する樹頭、キツツキ類の古い巣を巣穴として利用し、直径三〇センチ以上、樹高一〇メートル以上の大径材で倒裂や菌害を受けたものが多いとされています。特にトドマツの場合、巣穴の九〇%は被害木であったと言います。巣穴の利用は、枝抜けが三九・六%、倒裂等が五・六%、キツツキ類の古い巣穴が一九・四%で、完全に自力でうがった巣穴はゼロ%とされています。

一般的に、病気になった木をそのまま放置すると、虫の被害が出るので、林害であり、ただちに搬出するのが望ましいとされています。しかし、中川町では科学的なエビデンスが十分確保されているわけではありませんが、間伐や伐採など町有林を整備するときの仕様書には、古損木を作業に支障のない限り、残すようにと記載しています。虫の被害が出ることもあり、問題もないわけではありませんが、この取り組みをして、森林にとってどのような前向きの効果が出るのかを考えてみたいと思います。例えば、野ネズミ被害を減少させたいと思ったとき、農薬を散布するのではなく、病気にかかった木を敢えて残す、倒れた木を敢えて残すことで、キツツキが採餌で孔を穿ち、そこでフクロウの営巣することで、野ネズミを捕食してもらって森林生態系のバランスをとってもらいたいと考えています。その調査を継続しており、前向きな効果が出てくればいいと思っているところです。

そこに生えているものこそがよく育つ

天然下種更新とは、上の木から種が飛んできて、緑化が進んでいくことです。もちろん、大型草本が生えてくるだけのときもあります。エゾシカの被害が増えてきていることから、それを防除した場合とそうでない場合とを比較しました。林業の世界では、適地適木の原則があって、その場所をよく観察してそこに生えていない物をほかから持ってきて植えることはせずに、そこに生えているものこそがよりよく育つということになっています。しかし、道立林業試験場に依頼をした実験によると、オニグルミの場合、オニグルミがたくさん生えている所で、種を拾ってきてそれを播くと、そういう場所にはリスやネズミなどの捕食者が大量にいるので、埋めた種は片っ端から食べられてしまいます。このように、適地適木がうまくいかないときもあります。

ただし、生き残ったものの生長量は大きくなります。天然林については、必ずしも科学的ではない考え方をとられる方もいますが、中川町では、できるだけ科学的な手法によって、天然林を計画的に管理していこうと思っています。

中川町における代表的なトピックをあげていきます。原木丸太はあまり遠くへは運べないものだという認識があります。先ほどのウッド・マイレージの考え方も含めて、あまり遠くへ運ぶべきものではないと考えています。もちろん、単純にコスト面の問題もあります。中川町は天塩川という大きな川の中流域にありますが、天塩川の流域に若干加えたくらいを一つの経済圏域と捉え、流域の中で木材料の循環を完結しようという考え方です。一方で、ハチミツや樹皮など木材以外の森林性の生産物は、コストが現実的である限り、どこまで運んでもいいと思い、そのような利用をしています。

国際的な木材価格の平均売価は、一立方メートル当たり一万円で、それは今の林業界の常識とされています。ただし、私自身はそうは思っていなくて、そうじゃない売り方も十分あると思っています。特に天然林広葉樹や人工林広葉樹はそうではない売り方ができる木だと考えています。例えば、高級家具の材料であれば、製品の売値が高いので原料についても伸びしろがあります。

旭川市の隣の東川町に「北の住まい設計社」という工務店、家具メーカーがありますが、北海道産針葉樹を材料に、軸組み工法で家を建てており、集成材を使いません。例えば中川町では、イタヤカエデを家具材として売っています。旭川市にはほかにも大きな家具メーカーがあり、そういう所に家具材を販売することで、価値を高めながら、薄利多売はしないという木材販売をしております。

建築構造材として集成材が優秀だということはわかっていますし、ＣＬＴももちろん良い。木は寿命の長いマテリアルですが、集成材を作るための接着剤はどれほど持つでしょうか。接着剤のメーカー保証年数を私なりに調べてみると、建材用の接着剤メーカーが保証を出すのは六〇年が最長でした。木材そのものは長い寿命を持つ素材ですが、集成材は1世紀を超えられるかどうかわかりません。また、丸太を販売する観点からも、細かくして接着するから「適寸」の細い木材が欲しい集成材用原木よりも、きちんと太らせて無垢材用原木のほうが、部材としても長く使えるし、われわれとしても高く売れるわけです。柱材、梁材は、白いものはトドマツですが、芯をはずして柱を切り出していますので、相当太い木を使います。

私たちはもう皆伐を十年ほどしておりませんので、木を太らせながら使うというのが方針として定着しています。よい材をよい価格で売る、その代わり、高く売れるからといって、どんどん伐って出していこうということはしません。大きな節や割れが入っている広葉樹は、丸太の両端を切って、横架材として、芯を見せて使ってもらいます。

人工林を間伐するときに一定量の広葉樹も出てきますが、それらは生産収穫のために伐っているのではないので、細いものが多くなります。扉やフローリング材のように、中くらいの径級のものはそれに適した用途を見つけて、建築工務店や家具メーカーなど川下産業と販路の面でマッチングをすれば、安く買いたたかれることもないし、買う側も中間経費を圧縮できるので、非常に前向きな効果があります。

家具材を生産する過程では、どうしても使いこなせない場所が出てきます。それは、強度の面あるいは加工性に課題があるためです。「追い上げ」という林業用語がありますが、地際から木が生えるときに台形状になった部分は使い難いので、地際ぎりぎりから切り離して、木工クラフトの材料にします。大きな枝の又の部分などもクラフト原料として販売しています。当初は手広く販売したいと思っていましたが、その材料を目当てに移住してくる人が多くなったので、今は、広く販売するより、移住者へ優先的に供給するようにしています。

アイリッシュハープなど、楽器の原料としての利用なども考えています。虫に喰われているなど少し欠点のある木でも、すぐに燃やしてしまわず、工夫すれば販路は見つかるものです。オニグルミは木材彫刻の原料としても利用されます。

民芸や伝統工芸の材料資源が豊富

日本における特用林産物というと、まずキノコが浮かびます。そのため、非木材林産物あるいはノンティンバー・フォレスト・プロダクツと呼んでいます。一つの例として、オニグルミがあります。オニグルミの林ではリスやネズミが埋めて、それが生えてきて、五年後ぐらいには、生長が旺盛なだけに一斉林を形成します。広葉樹の枝打ちは一般的ではありませんが、広葉樹であっても枝を打つことで、比較的前向きな効果が表れます。広葉樹は光の方向に向かって枝を大きく伸ばしてしまって、その方向に幹そのものが傾いてしまいます。枝を打つことによって樹形を矯正し、大きな節を出さないような無節材もとれるようになります。このように打たれた枝を夏のしかるべき時期にナイフを入れて剥き、皮は帯にして籠を編むこともできます。

私は、もともと民芸や伝統工芸といわれる物が好きで、北海道にはその材料となる資源がたくさんありますが、それらが放置されています。技術は学ぶことができますが、資源は動かすことはできません。地域おこし協力隊制度を活用して財源を確保し、移住者を呼び込んで、資源とお金も用意し、先生も紹介しますという取り組みをして、今では、作家たちが「森と手と」という名前の職人組合をつくれるまでの規模になっています。

山ぶどうの蔓もたくさんあります。全国各地のいわゆる伝統工芸は職人も減っていますが、その材料を供給してくれる「匠」もいなくなってきています。三〇歳代くらいの女性を中心に、作り手は増えてきているのですが、その材料を供給してくれる人がいません。整備のいき届いた山には山ぶどうの蔓はありませんので、アクセスしやすい森林に工芸に使えるような山ぶどうの蔓はありません。奥山に分け入らないと蔓は採取できず、山ぶどうに関する貴重な情報（採取場所、方法など）は、名人が墓場まで持って行くような状況になっていき、貴重な財産が地域から失われていきます。中川町では、冬山を歩いて、山ぶどうの蔓の太い物が見つかると、そこでデジカメで写真を撮っておきます。カメラのＧＰＳ機能で場所の座標が記録され、そうした情報を森林ＧＩＳ上に記録します。これを作家や採集する人に提供すると、あまり苦労せずに材料を見つけられるという仕組みです。福岡県から中川町まで作家が材料を調達に来るくらい、山ぶどうの蔓は貴重になっていますが、中川町では調達の仕組みができてきています。

　北海道新聞によると、フィンランド式サウナが全国的に流行しているそうです。中川町は亜寒帯針葉樹林と汎針広混交林（亜寒帯）の中間に位置しています。フィンランド式サウナではシラカバの葉を束ねて体を叩きますが、シラカバの葉は暖温帯ではなかなか手に入りません。中川町にはシラカバの林がありますが、その周りの表土を取り去って、イタドリやササの根を排除してやると、一面がシラカバ林になります。わざわざ植えなくても、シラカバ林は比較的簡単に生やすことができます。長野県の野尻湖には、有名なフィンランド式サウナの拠点がありますが、シラカバの葉を冷水に漬けておいて、その樹液が沁みている束で、熱くなった背中を叩きます。長野県にはシラカバは標高の高い所でないとありませんし、木が大きくなっていて葉の付いた枝が採りにくくなっています。中川町では、手を伸ばせば届く範囲にシラカバの葉がたくさんあります。

私たちは北の果てにあって、雪と闘いながら、市場からも遠く、不便な闘いを強いられている部分もありますが、中川町にしかない資源もあり、それらは移動できません。シラカバについて言えば、葉の付いた枝を束ねた物は一本八〇〇円で売れます。これは、細い針葉樹丸太、三・六五メートルの一本分のパルプ価格とほとんど同じです。葉っぱは毎年生産されるため持続性も高いと言えます。また、私たちは、森林の中で木を薄利多売はしないということを大前提にしておりますが、山や森林で働いている人がそれなりの収益を上げようと思うと、短期的にお金になる時期に金になる木を伐りたくなります。出来るだけそうならないように、販路や売れる物を見つけて来て、特に未利用だった物を利用して現金化を図っていくという作業をしています。

　中川町には「森蜜」という商品があります。アザミ、キハダ、シナノキなど、基本的には森林性の蜜源から集められているハチミツを商品化した物です。これにも、森林ＧＩＳを応用しています。ミツバチは巣箱から飛んでいく範囲に限りがありますが、巣箱の位置をＧＩＳで管理することによって、畑の近くのように農薬の影響を受けやすい場所の巣箱と、農薬の影響を受けにくい森林の中の巣箱を区別することが出来ます。ハチミツを買う方は健康志向の強い方が多く、農薬はハチに影響を与えるので、畑から遠い所に巣箱があることを可視化して、それを養蜂家と共有することは、私たちが製品を販売する上でも有利ですし、養蜂家にとっても前向きな情報になります。

　国の農業政策によって、農業者戸別所得補償制度で畑作メニューが拡充され、経営所得安定対策と名称は変わり、中川町においては、産地パワーアップ事業が開始されました。その流れの中で、音威子府村では、ソバ畑が非常に増加しています。ソバはアレルゲンでもありますので、養蜂業界では他の花の蜜にソバの花の蜜が混ざると、ハチミツ自体の価値が下がり、価格も非常に下がります。音威子府村では、ソバ畑の拡大によって、山際でもともとはシナノキの蜜しか入らなかった巣に、ソバの蜜が混ざり価格が下落して、廃業した養蜂家もいます。所得補償制度は、グローバリゼーションと密接に関わるので、無縁ではありません。

好評観光商品、フォレスト・ツーリズム

国際価格と真っ向勝負をするために、機械化・低コスト化を選択すると、必然的に、一つの種類、例えばカラマツならカラマツを一〇〇%伐って一〇〇%植えるという作業を繰り返したほうが、機械化に向いているし、作業も効率化できます。しかし、中川町はそれを選択しませんので、中間収入が得られなかったり、経済的な効率性がやや落ちる場合もあります。それを解決する手法として、非木材林産物を売ることのほかに、森林の観光利用を進めています。種類の均質な森林ではないだけに、そこに依存して生活する動物が多種多様に存在し、風景としてもより魅力的なものになります。木材生産はおこなっているので、林道はついています。道がついていることからアクセスがよく、それを活かして、「フォレスト・ツーリズム」を観光商品として販売しています。年に四回ほ

ど行っていて、例えば秋には、森林内を、林業や森林、動物の話をしながら散策して、山頂に着くと、焚火で地域の食材を食べてもらいます。それだけのイベントですが、非常に好評で、老若男女を問わず多くの方の参加をいただいています。

間伐一回で得られる中間収入は、補助金をもらっても一《ヘクタール》当たり三〇万円、二〇万円くらいです。フォレスト・ツーリズムの一人当たりの参加費は三〇〇〇円くらいです。間伐というのは毎年やるわけではないので、フォレスト・ツーリズムで稼ぐお金は間伐収入よりも圧倒的に多いわけです。そのような面白い森林をつくるということも大事だと思っています。

また、森林から生まれる物は木工場に売るもの、森林組合に買ってもらう物だという固定観念がありますが、実は花材として花屋さんのほうがよほど高く買ってくれる場合があります。ですから木工場に売るばかりではなくて、ものによっては花屋さんにも売っています。そして、都市で花屋さんと一緒にイベントをおこなっています。

春夏秋冬で環境教育もプログラム化されています。例えば、かつて冬山に入って、伐った木を載せて滑らせ運んだバチと呼ばれるソリがあります。それを活用して、子どもたちに倒してもらった細いシラカバの木を運んでもらい、玉切りし、薪にします。なお、冬は倒すまでで、春に薪にします。冬はクマやハチがいないので安全に森の中を探検できますので、スノーシューで子どもたちが好きなように道をつけるための目印をつけていきます。夏になると、そこを大人たちが草刈りをして、チップを撒いて道をつくります。秋になると、子どもたちは自分でつくった薪でバーベキューをします。これらは、子どもたちも楽しいし、大人がやってもたのしい取り組みです。

以上、中川町の取り組みをご紹介いたしました。ありがとうございました。

（たかはし　なおき）

〈質　疑〉

―― 中川町にはいくつかのユニークな施設があるそうですが、ご紹介ください。

高橋　中川町にある天塩中川駅は、開駅当時の姿に復刻した施設です。駅舎内にはカフェスペースがありますが、そこのテーブルは何枚かの板を張り合わせた物で、床は廃校された体育館の物を使っています。駅なので、町の顔でもあるのでここに来ていただければ、中川町の取り組みがある程度わかっていただけるような作り方をしています。テーブルは本来、張り合わせで一枚板に見えるように造るのが当たり前でしたが、敢えて狭い板を何枚も張り合わせて造っています。昔のように、幅が1メートルもあるような一枚板がとれるような木は今の山には多くありませんので、家具メーカーと話し合いながら、山にある物で、無理のない商品を製作していくことにしています。

―― 中川町に移住して来る方は、どういうことを求めて、どのような将来を目指しているのでしょうか。

高橋　中川町では、特に若い女性の移住者が増えています。その一方で、医療面の脆弱さによる高齢者の転出も増加していて、人口は必ずしも増加しているわけではありません。若い移住者の方々は、ひとつは丁寧に暮らしたいと思っている方が多いようです。都会から来られる方が多いので、森林など自然の近くで、それと関わり合いながら生きていきたいと思っておられる方が多いようです。後は、北海道ですので資源が潤沢にあります。あるだけではなくて、例えば、先ほどの山ブドウもそうですが、試験研究をしていて、そのつるを挿し木にすると、一定の確率で根が付くことがわかっています。そうすると、森林からもらうだけではなくて返すこともできるというのも、一つの大きな武器になっています。そういうことに魅力を感じて移住される方が多いという印象です。

―― どういう地域からの移住者が多いのでしょうか。

高橋　移住者の前の住居地の傾向はあまりなくて、最近では京都の街中から、仙台市から、新潟、神奈川などで、札幌市から来られる方も多いです。女性の場合、どちらかと言えば、高学歴の方が多く、森林や家具に関わりのある職業に就いていた方が多いように思います。

たとえば京都から来られた方は、ＩＫＥＡという北欧家具メーカーのバイヤーでしたし、環境調査会社でアセスメント調査に就いていた方もおられます。リフォーム会社の営業職だった方もいらっしゃいます。そうした方々は定着されています。

―― 国有林率が高いなかで、中川町の林家はどういう行動をとろうとしていますか。

高橋　これは北海道だけの傾向なのか全国的なのかわかりませんが、この地域では、事業体ごとに仕事の棲み分けが出来ており、全体の傾向としては、適度に機械化を進めて安全性を高めながら、苦労して従業員を確保している状況だと思います。北大研究林は直営の作業員を抱えていて、研究林内の仕事は基本的には彼らがすべてやっていたのですが、もっと大きな面積を担うのも可能ではないかと、北大本部の意向もあり、近年では、研究林内に民間企業が仕事に入ることも実験的におこなわれるようになっています。そういう意味では、非常に前向きな状況にあるかもしれません。

―― 現状では、林業を軸に町づくり進めていらっしゃいますが、将来構想はどのように描いていますか。

高橋　将来どうするかというのは、なかなか悩ましい問題があります。一つは、人口規模の維持をしていきたいという思いはあります。先ほど申し上げたように、森林や山から大きなお金を稼ぐということは短期的には可能ですが、長期的にはバランスをとらなければいけないので、そこから収益を得ながら、人口を増加させるというより、規模の維持をしながら、多様な稼ぎ方で暮らしていきたいと思っています。

――大儲けを目指すのではなく、地に足のついた暮らし方、あるいは経済活動を目指しているのでしょう。地域の林業家も同様な考え方なのでしょうか。

高橋　私個人や移住して来られる方には、そうした暮らし方を志向されている方が多いと思います。ライフスタイルの問題は行政や誰かが指し示して、その方向性を決めていいものでもありません。ただ、そういう暮らし方をしたい方が困らずに暮らせる、たとえば原材料に困って廃業しなければいけなくなるといったことが無いようにしたい。また、販路が見つからなくてうまくいかないということもないようにしたい。山からいただくものは節度をもっていただきますが、売る方は一生懸命に努力する。構想としては、作家さんも増えてきて、森林や里から出てくる物も増えてきている状況がありますので、地域としては、令和四年度を目処に、地域商社のようなものを立ち上げて、販売機能を強化していこうという構想は持っております。一般社団法人あるいは第三セクター、あるいは地域の方々に出資していただくのか、地域商社の形態などについては、検討中です。

――お話いただいたような町の方針については、民有林の所有者や森林組合も同じ考えなのでしょうか。

高橋　市町村森林整備計画というものがあります。民主党政権のときに、森林・林業再生プランが出されて、町における森林・林業のマスタープランとして、同計画をつくる必要があります。それ以降、市町村における森林行政における役割は重くなっています。その計画を策定する過程で、森林組合の方々や林家の方々、事業体、国有林の方々からなる検討作業チームをつくり、何回も打ち合わせをして計画をつくります。つくった後も、実行管理推進チームとして継続しますので、計画の大まかな内容については合意されていると思っております。ただ、細部については異論もあるでしょうが、皆伐をしない、皆伐面積を制限するという方向については、これまで違反事例はひとつもありません。

――これまでは、高橋さんが頑張って取り組まれてきましたが、今後、経済活動につなげていくのは、構想されている地域商社に引き継がれていくのですか。

高橋　一部については、地域商社に引き継げますが、やはり、中川町のような小規模な自治体の宿命的な課題があります。人事異動などで主要スタッフが変わったりすると、屋台骨が揺らぐこともあります。私たちは、地域商社には販路拡大など販売面でのサポートを力強くやろうとしていますが、森林管理や林業振興の局面では多少は不安な部分は出てくるかもしれません。それがこれからの課題です。

――北大との連携はうまくいっているように見えますが、北大の考え方も髙橋さんと同じですか。ここまで来るには、すり合わせがかなり必要だったのでしょうか。

高橋　北大研究林の北管理部と包括連携協定を結んでいます。これを実効性のあるものにするために、包括連携協定推進協議会を組織しています。大学演習林のある市町村には、国から所在地交付金が出ますので、その交付金を北大との連携事業のために使う方針にしていましたので、協議会の財源にしています。ですから、様々な研究や合同研修会にあてることができます。

――家具など付加価値をつける商品づくりと並行して、一方では、丸太や材としての林業もおこなわれているのでしょうか。

高橋　お話してきたような取り組みができているのは、大きな面積の町有林の存在があるからです。そのため、町有林を核としたモデル的な事業がおこなえます。また、私有林は面積としては非常に小さいのですが、長期受託契約は数百㌶というふうに管理者がまとまっています。中川町では、森林組合と民間林業事業体が、四〇〇㌶あるいは三〇〇㌶という具合にブロックを形成して事業をおこなっているので、比較的コントロールはしやすいかたちです。そうした民間事業者は、一般的な木材流通ももちろんやっていますし、中川町もやっています。今回紹介した木材加工は、町有林と北大研究林、そして賛同されている民間林業事業体から出ているものです。

――皆伐をしないということは、植林をしないことですが、経済的には大丈夫なのでしょうか。

高橋　中川町には、公共牧野があり、かつて未経産牛を預かって、増体・授精をおこなって、酪農家に戻すという事業をしていました。その後、遊休地化していたので、そこを計画的に樹林化してきました。従って、植林もけっこう大きな面積でおこなっています。産業としては、そうして循環させています。

――お話のような特徴のある製品は、特徴ある木がある所でできるのでしょうが、他の地域にもいろいろな資源はあると思います。そのなかで、なぜ中川町に移住者が来るのでしょうか。

高橋　西粟倉村はいろいろな先進的な取り組みで有名ですし、私たちも取材・研究に訪れました。牧大介さんにも中川町へ講演に来ていただきました。私たちもほんとうはあのような取り組みをしたかったのですが、全部は真似できませんでした。ただし、地域おこし協力隊の活用については、大いに学ばせていただいて、その部分だけはうまく活用できたと思っています。例えば、副業をオフィシャルに認める、販路の拡大の手伝い、人脈の紹介、原料調達を責任をもってやるなどに取り組みました。そのため、ものづくりをやる方はけっこう増えました。一方、それ以外の移住者はそれほど増えていなくて、やはり、西粟倉村のローカル・ベンチャー・スクールのようなものが組織的に出来ていれば、違っていたかもしれません。

―― 西粟倉村では、「一〇〇年の森構想」として、カスケード利用を含めて木材の完全利用を目指し、最後は、チップを燃料にしてウナギの養殖までに取り組んでいます。中川町では、地域全体としてまわしていくことについては、どう考えていますか。

高橋　西粟倉村と比べてシステムとしてどう評価できるかはわかりませんが、中川町でも、作り手に原料を供給するのは、林業の方々が担っています。そういう意味では一緒に仕事をしていると言えるのではないでしょうか。強固な仕組みやフレームをつくらなくても、適正な対価を支払い、やりがいがそこにあれば、フレームがなくても回っていくのが経済です。

作家の方や家具メーカーから、それに見合うお金が支払われるということは、特別な仕掛けがなくても、いまのところ順調に回っていると思っています。

（二〇二〇・一二・三）

食と農を核にした地域経済の再構築

島根県邑南町商工観光課
課長　寺本　英仁

皆さん、今晩は。邑南町商工観光課の寺本と申します。この四月に緊急事態宣言が出てから、経済と感染予防対策を国も市町村も両輪を回していこうと考えてここまできました。これが、第三波を迎える中であまりうまくいっていなかったというのが実感です。なにがいちばんうまくいかなかったのかを考えてみると、やはり本質を見抜けなかったというのがポイントではないかと思います。マスメディアも行政も、最初から感染者数をクローズアップしてきました。私はそうではなくて、本質は死亡者数だと思います。重症患者のためのベッドがちゃんと自治体に確保されているかということです。ところが、それはあまり報道されなかった。行政も認識がありませんでした。感染者を出さないためにはまず出歩かないことが優先されてしまったために、出歩かないことで経済が止まり、そうして厚い経済対策を春先に打ちました。基本的には、一人当たり一〇万円の定額給付金を国民全部に配布し、持続化給付金として一〇〇万円あるいは二〇〇万円を事業者に給付しました。地方自治体にも臨時交付金を出して、それで地方自治体も独自の経済対策を打ちました。

　そして、その極まりが「Ｇｏ　ｔｏ　トラベル」で夏ぐらいからやって、経済を動かして、経済と感染者の増加を抑えるということを一生懸命やっていきました。そうした両輪をやってきたことで、結局、感染者は増え、「Ｇｏ　ｔｏ　トラベル」も止め、経済も止めていくようなことになってしまった。このままでは今後の日本経済がどうなるかと思ってしまいます。

　本質、つまり死亡者数を少なくしていくことに徹底的にこだわっていくのであれば、お金は、医療や介護・福祉に重点的に配分して予防対策をしていけば良かった。それさえやっておけば、今、大きな経済対策をしなくとも経済は動いていたのではないかと思います。私は、両親と同居していて、八人家族です。今、いろいろなところから講演を頼まれるのですが、すべてオンラインにしていただいています。私自身は基礎疾患ももっていませんし、感染して重症化するリスクは少ないのですが、七〇歳を超えている両親が同居している以上は、私が出歩いて感染すると両親に移してしまうかもしれません。だから、私は気を付けなければなりません。そのように一人一人が自分の立場に応じてしっかり感染予防をすることをやっていれば、敢えて経済対策をしなくても、成熟した社会で自己責任で対策をとっていけば、ここまで経済を止めなくてもよかったのではないかと思っています。

そのように、何が一番問題なのかということ、本質を見抜くことが大事です。その本質は何かというと、私は、「Ａ級（永久）グルメ」にあると思います。これを一〇年前からやってきていて、地方創生って何かを考えると、そこに住んでいる人が実際に、暮らしに誇りを持てるか、これがちゃんと担保できるかどうかにしっかり取り組んできたからこそ、このコロナ禍にあっても、普遍的に動いていくと思っています。

Ａ級（永久）グルメの町おこし

近隣の市町村が少子高齢化で悩む中で、邑南町は現在、若い人、とくにＵターン者が増えていて、近隣の飲食店が減っていく中でも、飲食店がこの五年くらいで二三店舗くらい増えています。それはどういうことなのか。

なぜ食を通じて人が増えているのかは、皆さんも不思議に思うのではないでしょうか。まず、食による町おこしはとてもいい。いろいろな自治体で町おこしが取り組まれていますが、食べることはひじょうに有効です。ものを食べがない人はいません。一食、二食あるいは三食、かならず毎日、食べ物を口にしながら生きています。ということは、食べることはすべての人類の関心事だと思います。自治体によっては、いろいろな切り口で町おこしをやっています。例えば、ＩＴ、芸術などです。しかし、それは町民の共通の課題になりません。その点、食による町おこしは最適です。食と農ということになると、やはり、地方では農が関わることでひじょうにやりやすい。食と農による町おこしは、地方には適している地域おこしの一つの手法ではないかと思っています。

一時、Ｂ級グルメがとても流行っていた時期がありました。一時は私も考えましたが、今さらでは後発になってしまうと思い、反対にＡ級に取り組み始めました。最初に思ったのは、少子高齢化して人口が減っていく中では地域経済が成り立たないということでした。地域経済が成り立たないのであればどうすればいいか。当時、宮崎県の東国原知事が平成一六年頃、宮崎県の食材を東京に売り込もうと取り組んでいました。人口が減っている地方は、みんなそう思ったわけです。地域内で経済の循環が成り立たないのであれば、外貨を獲得すればいいというわけです。マンゴーや宮崎牛を、東国原知事が東京のデパートやホテルでトップセールスをする。これこそが地方創生の一つの戦略だと思った時期でした。邑南町でも合併してすぐでしたが、邑南町の名産である石見和牛肉やキャビアを売ろうと東京に行きましたが、大惨敗でした。その失敗の中からＡ級グルメ、ここでしか食べられない食材・体験が生まれてきました。

人口一万人余り、この一五年で三〇〇〇人が減少。そんな過疎の町でＡ級グルメの店が続々とオープンしています。イタリア料理のコースは、三五〇〇円から一万円とかなり強気ですが、東京など全国各地から、お客さんが訪れます。オーナーは銀座の高級レストランで働いていましたが、邑南町の食材に魅了されて移り住んで来ました。料理には、こだわりの地元の食材がふんだんに使われています。Ａ級グルメ・コースは、ヒラマサのカルパッチョにキャビアがトッピング。実はこのキャビア、地元で養殖されているものです。メインディッシュは石見和牛肉のグリル。石見和牛肉はとろりとした脂の甘さが特徴で、邑南町でしか生産されない希少な和牛です。邑南町にはＡ級グルメを謳う店が、この九年で一〇軒オープンしています。あるベーカリーでは、石見和牛肉や地元の野菜にこだわったパンが人気です。いずれも県外から移住してきた人がオープンしました。なぜ、この町でＡ級グルメを謳う店が増えているのか。

東京で料理人に声をかけ移住を説得

Ａ級グルメ構想を発案し、店をオープンさせてきたきっかけは一一年前の苦い経験でした。石見和牛肉を東京で売り出そうと試行錯誤していたとき、東京都内で一流ホテルと取引する業者に売り込むチャンスをつかみました。肉は予想以上の評価を受けました。しかし、思いもよらない言葉が続きました。二週間で二〇〇頭分を用意してほしい、と。これは邑南町で一年間に生産する量です。到底不可能でした。東京で石見和牛肉を直接売ることをあきらめました。

転機が訪れたのは二年後。山形県の一軒のレストランを訪れたとき地元の食材を活かした料理を目当てに、都会からたくさんの客が訪れているのを目の当たりにしました。「美味しいものがあって、それを調理してくれる料理人がいれば、多くのグルメが押し寄せてくる」。地元の食材を活かしたレストランを地元でオープンし、食べに来てもらう。これを町ぐるみでおこなったらどうか。そのためには、一流シェフの存在が不可欠だと考えました。東京で四〇人の料理人に声をかけ、移住してもらうよう説得しました。

三年後、神田のレストランの料理長にようやく来てもらうことが決まりました。二〇一一年、町立のイタリアンレストランがオープン。地元の食材を一流シェフが調理するのがセールスポイントで、「A級（永久）グルメ」と名付けました。週末には、行列ができるほどの人気となりました。A級グルメのレストランをさらにオープンさせたいと考えましたが、シェフを呼びよせるには限界があります。そこで思いついたのが、全国から希望者を募り、町をあげてシェフを育てるという取り組みでした。「耕すシェフ」と呼ばれる研修制度で、一流シェフから三年間、無料で調理を学べます。月におよそ一七万円の生活費も支給されます。料理人さえいたら地方は変わると思い、そうしたカリスマをどんどん育成していく。そのシステムをつくっていったところが、邑南町独自の町おこしにつながっていると思います。この制度を始めてから、研修生は九年間で五〇人、うち八人がA級（永久）グルメの店として、レストランをオープンしました。ある洋食レストランのオーナーは、広島から移住してきました。地元の旬の野菜でつくるサラダが人気です。

町に一つだけトップレストランができてもだめで、やっぱり、多くの飲食店が町に点在していくことが大事です。それが、Ａ級（永久）グルメの町になって、経済が活性化してくれば、邑南町はまだまだ発展する余地があるんじゃないかなと思っています。Ａ級グルメを求めてくる客の多くが、立ち寄るのが道の駅です。家に帰ってからも、この食材を食べたいという声があります。今では、並べられる野菜や特産の数が四〇〇点を超えています。自慢の宝を都会に売るのではなく、地元に残して産業につなげる、この発想の転換が過疎に苦しんできた町に奇跡を起したのだと思っています。

田舎で暮らをしていくという意味

私の家はもともと農家ではなかったのですが、東京へ石見和牛肉の売り込みに行ったときに二〇〇頭しかいないのに売りに行こうとしていた愚かさに気づいて、繁殖農家になろうと、一〇年前に父と一緒に和牛の繁殖を始めました。今では、町内では三番目に大きい繁殖農家になっています。県の職員だった父は、定年後に始めた繁殖にだんだんのめり込むようになって、この前、私を呼んで、ポルシェを買ったと言うんです。驚いて見に行ったら、車庫も新しくなっていました。年金暮らしなのに大丈夫？　と聞いたら、今は牛の値段が良く一頭一〇〇万円くらいで売れるそうです。一〇頭飼っているので、一〇〇〇万円から一二〇〇万円くらいの売上があるでしょうから餌代などを除いても、六〇〇〜七〇〇万円くらいは残るみたいです。それを一〇年間貯めて、とうとう八〇〇万円のポルシェを買ったとのことです。そこで、車庫の扉を開けると、黄色いブルトーザーが出てきました。それが彼にとっての「ポルシェ」だそうです。値段はたしかに八〇〇万円したそうです。

なぜ、「ポルシェ」なのか。邑南町ではけっこう雪が降ります。雪が降ると、町の除雪車が除雪しないと牧場に行けません。朝一番にエサをあげなければいけないのに道の除雪が終わるのがお昼頃なので、間に合わない。自分の飼う牛を空腹にさせてはいけないと、自分で除雪をしたいという。朝一番に道を除雪して行くと、沿道の高齢者が手を合わせてくれると言います。ポルシェを買ったら悪口を言われるけど、ブルドーザーを買って地域の除雪をしたら人気者になれる。彼にとって、それが「ポルシェ」だと言うわけです。

父は、年金暮らしにもかかわらず、ブルドーザだけでなく、ユンボが一台、二トントラックを一台持っています。七〇歳になっても、これだけ好きなことができるというのはとてもいいことです。乗用車は買って乗った瞬間に査定は半額になってしまいますが、重機は一〇年使っても、三分の二くらいだそうです。その意味では財テクでもあり、豊かな老後の生活を送っていると言えます。

邑南町の「道の駅瑞穂」は、松江から車で二時間もかかるのにもかかわらず、三億五〇〇〇万円の売上をあげていて、野菜の売上では、島根県でナンバーワンです。もっと売り上げている道の駅はたくさんありますが、売上構成を聞くと、売上が七億円から一〇億円あるところは、だいたいが地元の有力企業のシェアが七割から八割を占めています。そういうところでは、小規模農家は関係ないということになります。邑南町にある道の駅は大型化していなくて、七〇歳代、八〇歳代中心の四〇〇人の生産者がやっています。高齢者が小金を稼げるので元気が出ます。邑南町は高齢化率四四・三％ですので、そうした人たちが農業をやって道の駅に出荷することによって、産業が活性化するとともに、寝たきり老人が少なくなります。農業をやると年寄りは元気になります。作物をつくらなければ、加工品をつくらなければというのが生きがいになってくる。生きがいがあると、病気にならず、寝たきりになりません。こうなると、八〇歳、九〇歳、一〇〇歳でも農業はできる。

一方、行政は何をやっているか。若手の新規就農を求めていますが、二〇歳台、三〇歳代に補助金を出して農業をやってもらっても、資金がない土地がないということになると、なかなか成熟しない。私は、農業への新規就農者は五〇歳からでいいと思っています。四〇歳代くらいから、関係人口として田舎を見つめなおして、五〇歳くらいから就農して、七〇歳で習熟して、八〇歳で一番稼げるようになったら、人生一〇〇年時代を楽しめるでしょう。

昨年、二〇〇〇万円ないと老後を安心して暮らせないと政府が言いました。そのとき、道の駅に郷土料理のお寿司を出しているおばちゃんたちが、田舎はそれ以上もっていないと不安だと言っていました。みんな、現金を持っていないと不安なのです。だから、年金は使わずに貯め込みます。地域の金融機関では、貯蓄高だけはどんどん上がっていますが、銀行も貯蓄だけでは経営できません。お金を貸さないと経営できません。地域がなぜ元気がないかと言えば、金を借りる人がいないからです。金を借りる人というのは、新しく業を起す人、家を建てる人などで、こういう人に銀行はお金を貸したい。若者にお金を貸したいのです。地域にそういう若者がいないから、起業が進まない、家を建てない、だから銀行は貯蓄だけが上がってくることになる。そうなると、老人が死んだら、都会に住む相続者のメガバンクにお金は流れていくだけです。そういう悪循環があるから、地域は活性化しない。そのおばちゃんたちに、お寿司をどのくらい売っているか聞いたら、年間八〇〇万円だそうです。八〇歳代のおばちゃんたちが三人とも、それだけのお寿司を売っているんです。半分残っても四〇〇万円、国民年金分は貯蓄に回せます。だから、けっこう豊かに生活しているんです。

田舎が楽しく元気な地方になっていく

田舎が貧乏という人は、本質が見えていない。東京のメディアにとらわれた発想です。東京での私の学生時代のコンビニのアルバイトは大学生が多かったのですが、その後、外国人のアルバイトがずいぶん多くなりました。さらに最近では、深夜に七〇歳代、六〇歳代の多くの方がコンビニでアルバイトをしています。なぜ、そういうことになるかというと、住宅ローン返済のためです。晩婚化で、例えば平均三四歳で結婚すると、子どもが小学生にあがるとき四二歳。だいたい小学生になると、少し広い部屋が欲しいと、郊外にマンションを買います。中古で、郊外の２ＬＤＫの中古マンションを買うと、七五歳までのローンが組めます。そうして月額一五万円を払っていくことになります。借りる方も借りる方ですが、貸す方も貸す方です。普通、六〇歳で定年を迎えますが、その前に五〇歳くらいで出向になることも多い。出向になって給料が半分になってもローンは払えますが、六〇歳になれば定年で収入はなくなります。退職金で繰上げ償還しようとしても、政府に二〇〇〇万円ないと老後は不安ですよと言われると、退職金は使わないでおこうとなります。そうして、月額一五万円を七五歳まで払おうと思ったら、深夜の労働をするのが一番です。著書の打合せで深夜まで東京の出版社にいたとき、ビルの警備員をしていた八六歳のおじいちゃんが、深夜の二時に、僕に倒れ掛かって、僕が助けたことがありました。その年になっても警備員をやらなくてはならないような東京に、本当に、われわれの未来はあるのでしょうか。人生五〇年時代であればいいのかもしれません。今は人生一〇〇年時代です。皆さん、だいたい六〇歳や七〇歳までの人生設計は考えているでしょうが、それ以降になると、誰もできていません。私は、広島カープのファンですが、先発が頑張って投げていても、七回、八回になると、リリーフ陣が打たれて、いつも逆転負けしています。七回、八回、九回の登板ピッチャーを考えていない、これが、人生では一番まずいんです。一〇〇年を生きようと思ったとき、東京で生きられますかということです。地方の人はけっこうな年齢でも、ある程度稼げて、元気でいけると言います。

邑南町で活躍する高齢者は、みんなすごく元気ないい顔をしています。農業をやったり、加工をして、いろいろな物をつくって、それをお金に換えていると、楽しいンです。それは、年金があるということがベースです。田舎は高齢化率が高い、高齢者がたくさんいると言っていますが、今の制度では、年金受給者が多いと基本的に地域に安定してお金をもらえる人がけっこうな割合でいるということになります。それは、非常に有利です。都会の方が危ないのです。若い人はちゃんと働かなければローンが払えないわけですから。コロナ禍で、邑南町は、基本的にはベイシック・インカム化しているのです。社会保障がちゃんとあるので、あとは小遣いを自分で稼げばいいだけです。考え方によっては、田舎は楽しい。そういう元気で楽しい地方になってくる。

東京一極集中は、地方がつくっている

町おこしを頑張っている地域には、まず移住者が入って来ます。邑南町もそうでした。しかし、多くの町は移住者が来たところで止まっています。移住者、Iターン者が来て町おこしやっても、それはIターン者の自己実現だけになっているかもしれません。基本的には、そこに住んでいる人が楽しまなければいけない。地域の人も稼げないといけません。邑南町ではゼロ円企業といって、地域の人たちが自分たちの地域にある空き家や空き店舗を、自分たちが出資して合同会社をつくって、改修してレストランをつくって、そこに移住者を受け入れています。移住者は、家賃だけを払

います。すごく話題になりますし、楽しくなります。そんな楽しい地域になると、もともと出ていったUターンの人も考え直します。「うちの地域には何もないから」と言いますが、何も無いようにしたのか。良い食材ができたらすべて東京に送る。勉強のできる子どもが育ったら東京の大学にやりたがる。そこに住んでいる地方の人が何でもすべて東京に送っていくというように、東京一極集中をつくっているのは実は地方なんです。

ヨーロッパは違います。ミシュランはタイヤメーカーですから、都会の人に田舎に行ってもらいたいので、田舎のレストランにもたくさん星をつけました。その地域に美味しい食材があって、シェフはその新鮮な物を料理したくて、地方にレストランをつくるのです。そこに都会の人たちがこぞって食べに来る。しかし、日本でミシュラン・ガイドが導入されたときはどうだったか。東京や大阪にたくさんの星付きレストランが出来ました。そうすると地方は、そのレストランに自分の食材を使ってもらいたいと、良い食材が出来るとどんどん東京に送りました。むしろ、ほんとうに美味しい物は地方にあるということをしっかり訴えて、農業を頑張るなら、それとともに、料理人を育成していかないといけません。そういうことをしっかやってきたのが、A級グルメです。

Iターンだけでない、増えるUターン

こうしたことを一〇年やってくると、Uターン者が帰って来ます。ここ二、三年で、一万人の町

で、二〇歳代、三〇歳代の若者が八七六人帰っています。そうして、地域になくなっていた青年部が復活してきています。僕の住んでいる日和地域は人口四〇〇〇人を切る邑南町で最も小さな地域ですが、そこに若者がどんどん帰って来て、今、高齢化率は下がっています。

地域の祭りのメインイベントは、地元で八〇年以上続く神楽の舞です。地元の人が大喜びしたこのお祭りを企画したのは、今年二〇年ぶりに復活した日和地区の青年部でした。その中心はＵターンで戻って来た人たちです。進学や就職で町を離れたものの、三十歳代になって続々と戻って来ました。若い人たちが続々と移り住んでいる。Ｉターンだけでなく、Ｕターンも増えています。

そうして去年、二〇年ぶりに青年部を復活させました。かつてのにぎやかな地域を取り戻したいと、皆で話し合って、お祭りを企画しました。その原点となったのは、幼いころ過ごしたふるさとの記憶です。祭りの準備は住民総出でおこないました。実際に、会場の設営や道具の準備をしてくれたのは、かつて地域の行事を取り仕切っていた年配の人たちです。自分たちが引き継いでいこうと、青年部のメンバーも真剣でした。そして、クライマックスは日和地区で三〇年ぶりに上がる打ち上げ花火です。二〇〇発の花火が夜空を彩りました。青年部が企画した日和地区初めてのお祭りは大成功でした。

地元に孫とか子どもが戻って来ると、地域の人は元気になります。そういうことが理想の地域だと思います。理想の地域をつくるために何が一番必要かというと、そこにいる人が自分の地域に誇り、ビレッジ・プライドを持つ、自分の地域が好きになるということです。それがすごく大事で、地域おこしの本質だと思います。

今後、コロナ禍で、こうしたことを広範にやっていく町は、かならず生き残っていくと思います。邑南町はコロナ禍でも社会資本力＝つながりが強く、地域の飲食店を地域の人が自分たちでお金を使って支えていこうという取り組みによって、ＡＪＩＫＵＲＡなどのレストランでは昨年より売上の良い月もあります。このようにコロナ禍を乗り越えていくのは、やはり、最後は人と人とのつながりだと思っています。そして、自分のことが好きでないと、他人のことを助けるようとは思いません。そういった人間形成が出来る町をこれからも目指して頑張っていきたいと思います。

（てらもと　えいじ）

〈質　疑〉

―― コロナ禍の中で、Ａ級グルメのお店はだいじょうぶだったのでしょうか。

寺本　一〇年間かけて、飲食店を増やしていくという取り組みをしてきましたが、今回のコロナで一番打撃を受けたのが飲食店です。私も、商工観光課の課長になって、どういうふうに飲食店を盛り上げていこうかと考えました。四月七日に緊急事態宣言が出て、翌日、感染予防対策をやる飲食店に最大二〇万円の補助金を出すことを、議会を通さず専決予算で承認していただきました。感染予防をちゃんとしているから、安心して邑南町に来てくださいと言ってきたのですが、緊急事態宣言の下では、メインとなる広島などからのお客さんはきてくれません。それで次に打った手は、まず地元、自分からだと思って、役場の昼食を全部デリバリーにしてもらって、地域の飲食店全部の弁当を持って来てもらいました。一律、六〇〇円で、全職員に弁当を買ってもらうようにしました。これを三か月続けました。三か月続けていくうちに、役場がこんなに頑張っているのなら、自分たちもやってみようという事業所がどんどん増えてきて、邑南町中でデリバリーを利用するという動きになってきました。

　そうすると、今までは邑南町の飲食店を利用したことがないという人もA級グルメの店を知るようになりました。コロナが終息したら食べに行こうという気持ちになってきました。お盆には、県内でも最大級の経済支援である、一律一万五〇〇〇円の邑南町だけで使える商品券を発行しました。七月二二日に臨時議会を開いて、八月一一日に全町民に配布しました。なぜ急いだかと言うと、お盆までに絶対やりたかったからです。お盆に最もお金を必要とする町民ですし、事業者もそこで使ってもらうことを期待しています。三週間しかなかったの

寺本　邑南町では三〇歳代の女性が増えていると申し上げました。その年代の女性に魅力を感じてもらえる町でないと、持続可能な町にはなりません。女性が住みたいと思わない町は男性社会の町です。男性だけで決めていては、今後の発展は難しい。女性は、子育てのなかで中核的な役割を担っていますし、教育においてもそうです。この町に住みたいというお母さんの気持ちがすごく大事です。地域に来る女性はだいたいお嫁さんに来ている場合が多いので、まずはこの町を好きになってもらわないといけません。男性はもともと町にいるので好きになるのは当たり前ですが、他所から来た人にこの町を好きになってもらうということが大事だと思います。女性の意見を取り入れられないと、町の衰退につながってきます。女性が働いて、自分のやりたいことを実現する支援をできるような男性がいないといけませんし、町も地域も、そうならなければいけないと感じています。

——お話をうかがっていると、町長をはじめ、町の職員の方たちは、住民に寄り添って活動されているように思われます。

寺本　私が役場の職員になった頃、公務員は誰にでも平等にしなければいけないと言われました。しかし、私はなかなかそうはいかなくて、自分の目の前にいる人を何とか幸せにしたいと動く人間で、お前が関わっている人たちだけにやってどうするんだと、よく注意されました。でも私は、職員が二〇〇人いますが、一人の職員が、五〇人の自分の愛する町民を幸せにしたら一万人の町民が幸せになり、今後の役所人生の中で限りなく一万人の一人ひとりに対応していきたいと思います。そうして、一人一人を幸せにしていきたい。その結果が、五〇人、一〇〇人になっても仕方がない。それでも、やっていきたいという前向きの気持ちをもって行政にあたることが、地方公務員の生きざまだと思います。だから、どう言われても、ぼろぼろになるまで、自分が出会った人の意見を聞いて、それに実直に取り組んでいくことを続けていきたいと思っています。

―― 寺本さんの、行動力は目を見張るものがあります。その行動力が取り組みを成功に導いたのではないかと思われます。その行動力の原点はどこにあるのでしょうか。

寺本　私は、苦労だと思ったことは一度もありません。何か動けば、成功することも失敗することもあります。失敗として終わるのはなくて、課題としてとらえて、すぐ動いて早いうちに芽を摘んでいきます。この繰り返しをしていくことが大事で、そうしていくうちに、その姿勢は他人には一生懸命に見えてきます。私は動くのは早いですが、基本的に手続きは踏みます。スピード感をもって手続きをして、出来るまでやる。私に与えられた時間はすべて有効に使う。自分だけで出来ないことは、他人にお願いして、他人を巻き込んでやっていく。そういうことが大事です。

―― 地域おこし協力隊の中には、なかなか地域になじめない人もいるようですが。

寺本　私は、移住者をよく洋服にたとえます。例えば、デパートでマネキンが着ている服を見て、買うことがあります。家に帰って着てみると、マネキンが着ている感じとは違います。それと同じで、外から地域を見ればよく見えますが、実際に中に入ってみると、なじめないこともあるでしょう。もともと生まれた場所ではないのですから、なじめないのは当たり前です。定住率が九割、八割はおかしくて、私は三割、二割で十分だと思っています。八割の人が出ていくのを怖がらずに受け入れて、循環していくことが大事です。地域おこし協力隊も一人しかとらなくて、その一人を絶対定住させようとするのはナンセンスです。五〇人受け入れ、そのうち一人、二人が定住すれば良かったと思うべきです。今までの行政では一人、二人を集めて、徹底的に囲い込むというやり方です。これではうまくいかないでしょう。

――国は、農業の大規模化を進めようとしていますが、邑南町の地域おこしとの関連では、農業のあり方についてはどうお考えでしょう。

寺本　国は、世界と戦える農業を目指すと言っていますが、アメリカなどの耕作面積と比べると、戦えるのは北海道だけでしょう。Ｂ級グルメが一時期流行りましたが、焼きそばやラーメンは基本的に小麦です。にもかかわらず、地域振興のためにＢ級グルメを活用するなんて言っている地域もあるようです。邑南町ではどうするかというと、小ロットで付加価値をつけていく農業をやっていくしかない。それには、ふるさと納税、道の駅、レストランがあります。小規模の面積で高付加価値の農業振興をやっていくことが非常に大事です。その中では、高齢者の役割が非常に大きい。年金があるので、半分を農業で稼げばいい。

私は、農業は六五歳から九〇歳くらいの人はいけると思っています。その延長上にスーパースターみたいな一人、二人の若者の農家が出てくることを目指すべきです。多くの若い人に農業をやってもらうのは間違いです。若い人は、東京で、資本主義の下、一生懸命働けばいい。四〇歳くらいになったときに、関係人口として、地方を見つめなおして、移住も考えて、人生一〇〇年時代を踏まえて、農業という選択肢があればいいと思います。その循環の中で、何人かの新規就農者が出てくればいいんじゃないか。

――寺本さんは、邑南町を出ていきたいと思ったことはありませんか。

寺本　高校は広島で、大学は東京でしたので、実は、町がいやでいやでしょうがなかったんです。私は、おばあちゃん子でしたので、言われたままに帰って来ました。結婚をして、ずるずるこの町を出られない環境になったとき、思いました。どうやったら、楽しめるだろうかと。嫌なことばっかり考えていてもしようがない、この町を出られないなら、何とか楽しむしかない。そんなとき、サッカーやクロケットはイギリスでは監獄から生まれたと、ある本で読みました。監獄の中でも、そのようなメジャーなスポーツが生み出されるのだから、私は、役場に入ったのであって、監獄でもないし、何か楽しいことを考えようと。仕事をしている時間が一番長いので、仕事の楽しみのほうが人生にとって有益じゃないかと思いました。そして、前向きに自分の仕事を楽しんでいこうとなりました。もう、町を出ていけないのだから、それを楽しむしかないと発想を変えたのです。

（二〇二〇・一二・二三）

どこまで本気？「みどりの食料システム戦略」

会員　榊田　みどり

今年五月一二日に最終決定された「みどりの食料システム戦略」だが、あまりの唐突さに驚いた農業者や農業関係者が多いはずだ。

なにしろ、野上浩太郎農相が昨年一〇月の記者会見で戦略づくりに言及し、「みどりの食料戦略本部」が農水省に設置されたのが、一二月二一日。以降、中間とりまとめが公表された三月二九日まで約三ヶ月、最終決定までで五ヶ月弱というスピードでまとめあげられた。

驚いたのはスピード以上に、その内容だ。簡単に言えば、「持続可能な食料システムの構築」に向け、「カーボンニュートラルなどの環境負荷軽減のイノベーションを推進」するための戦略で、二〇五〇年までに目指す姿として、「農林水産業のCO_2ゼロエミッション化」「化学農薬の使用量（リスク換算）を五〇％低減」「化学肥料の使用量を三〇％低減」「有機農業の取組面積の割合を二五％（一〇〇万㌶）に拡大」など、「超意欲的」な目標数値が並ぶ。

農業の多面的機能の価値や環境保全への貢献度を主張してきた農業界から見れば、近年の農政のベクトルを大きく転換する画期的な戦略ではある。問題は、本当にこの戦略に実効性があるかどうかだ。とくに、現段階で約〇・五％しかない有機農業の取組面積を、約三〇年で二五％と五〇倍に拡大する目標には、すでに現場から「絵に描いた餅」など醒めた声も聞こえる。

戦略の背景には、菅義偉首相が昨年一〇月の臨時国会の所信表明演説で打ち出した「２０５０年の温室効果ガス排出実質ゼロ」宣言があるのは間違いない。策定を急いだのは、六月の「骨太の方針」原案決定に盛り込み、九月の国連食料システムサミットでの日本の政策公表に間に合わせるためとも言われている。

すでに欧米では、脱炭素に向けた農業の環境政策と食料システム構築への動きが急だからだ。

農業予算に占める低い環境予算

従来から農業の環境政策を推進してきたＥＵは、一九年、気候・環境戦略として「欧州グリーンニューディール」を打ち出し、その一環として、農業分野でも二〇年五月に「Farm to Fork（農場から食卓まで）」を公表した。アメリカも、バイデン政権が、農業での温室効果ガス実質ゼロを目指すことを宣言。炭素排出削減や炭素隔離に貢献する農業者への助成などにも動き出している。

欧米の流れに取り残されまいという危機感が、今回の戦略策定につながったと考えるのが自然だ。実際、同戦略の目標数値は、ＥＵが二〇三〇年をめどに掲げた目標数値と重なる部分が多い。

そもそも、日本の農業環境政策は、お世辞にも今まで充実していたとは言いがたい。九二年、地球環境サミットで採択された「リオ宣言」を機に、日本でも初めて「農業環境政策」が導入され、同年、農水省が「環境保全型農業対策室」を創設。九九年には持続農業法、家畜排泄物法、改正肥料取締法の「環境３法」が成立し、環境保全型農業を実践する「エコファーマー認証制度」も始まった。

しかし、その後、農業環境政策は農政の主流からはずれ、関連予算も抑制された。研究者からは「農業予算に占める環境政策の予算は、ＥＵだけでなく農産物輸出国のアメリカやオーストラリアなどに比べても、日本は異次元の低さ」とため息が漏れる。

「現場の理解」なければ動かない事業

こと有機農業でいえば、長らく農政から異端視されていたが、有機ブームを背景に八九年にようやく有機農業対策室が創設されたものの、九二年には環境保全型農業対策室に統合。その後に策定された有機・特別栽培農産物表示に関するガイドラインや有機ＪＡＳ認証制度は、海外基準との整合性を重視して策定されたもので、国内有機農業の推進策というより、不正表示を取り締まる規制策としての性格が強かった。

初めて有機農業振興策といえたのは、〇六年の有機農業推進法の施行を受けて〇八年から始まった「有機農業モデルタウン事業」だったが、翌年、民主党政権下での「事業仕分け」で「廃止」を宣告され、あえなく頓挫。その後、東京オリンピック・パラリンピック開催決定後の一四年には、ロンドン五輪の食材調達推奨基準がオーガニックだったことから「一八年までに有機農業取組面積を一％に」という方針が打ち出され、再び有機への注目が集まったが、間もなくＧＡＰ認証が食材基準となり、有機農業推進の機運は再び沈んだ。つまり言葉は悪いが、これまで有機農業に対しては、なんとも場当たり的な対応が多く、中長期的な視点で推進に本腰を入れる姿勢は農水省から感じられなかった。

さて、今回はどうか。七月一日には、農水省の組織再編の中で、大臣官房に「環境バイオマス政策課」が新設され、同課に「みどりの食料戦略本部」が設置された。戦略では、ＡＩや品種開発などの技術革新で有機農業を推進する考えのようだが、「農地」「ひと」「販路」など、具体的に考えると課題は多く、他の政策との整合性も求められる。なによりプレイヤーである「現場の理解」がなければ、いくら絵を描いても事業は動かない。この戦略が今回も〝いっときの夢〟で終わるのか、それとも本当に農政の転換につながるのか。農水省の本気度に注目である。

（さかきだ　みどり・明治大学客員教授）

地方記者の目

福島第一原発の汚染水放出、誰の理解を得た政府決定なのか

ローカルジャーナリスト、元河北新報編集委員
寺島　英弥

「まず、今申し上げましたけれども、タンクが増加し、敷地がひっ迫していることも事実であります。そういう中でこの福島第一原発の廃炉を進め、復興を成し遂げるためには、そこについては避けて通れない課題であります」

四月一三日、首相官邸。東京電力福島第一原発構内に貯まるトリチウムなどの処理水（五月末現在で約一二六万トン）を二年後、海に放出する――との政府方針決定について発表した菅義偉首相は、記者から「（漁業者ら）関係者の理解は得られたと考えているのか」と問われ、原稿に目をやって冒頭の発言を返す。質問には答えておらず、いわば、時間切れが迫ってやむを得ない、と逃げを打った。

「関係者の理解」には背景がある。二〇一一年の原発事故の後、地元福島県漁連の漁業者は度重

なる原発の汚染水海洋流出で猛烈な風評被害に苦しみ、ほそぼそとした試験操業を強いられてきた。当事者たちの怒りに、所轄の経済産業省は〈今後は東京電力任せにするのではなく、国が前面に出て、必要な対策を実行していく〉と公約した。東電も一五年、漁連会長への回答文書に〈漁業者をはじめ、関係者への丁寧な説明等必要な取組を行うこととしており、こうしたプロセスや関係者の理解なしには、いかなる処分も行わず、多核種除去設備で処理した水は発電所敷地内のタンクに貯留いたします〉と明記した。今回の海洋放出方針で政府は、誰の理解を得たのか、との疑問に答えていないのだ。

東日本大震災と原発事故から丸一〇年が過ぎ、福島県漁連は四月、試験操業を終えて「本操業」への移行を宣言した。放射性物質の自主検査が続いた福島沿岸の魚介は、原発事故前に捕っていた全魚種で安全が確かめられ出荷制限が解除されている。それでも水揚げ量は震災前の約一五％、金額も約七％という苦境にあった漁師たちは一〇年越しの再起の希望を託す。海洋放出決定をどう受け止めるか。

漁業復興に風評の脅威

「本操業に漁獲拡大を期待するが、震災前にすぐ戻れる訳ではない」と、浜通り北部の相馬双葉漁協の今野智光理事（六二）＝相馬市＝は言う。沖合底引き船（二三艘、一二〇人）は震災前、茨城、千葉両県沖まで漁場は広かったが、この一〇年は福島沖でほそぼそと漁をし、入り合いの復活には県同士の話し合いから始めなければならない。今野さんが船主会長を務めた沿岸小型船（四〇〇艘、八〇〇人）も震災前は宮城県沖でも漁をし、やはり交渉はこれからだが、「汚染水はいい材料になる訳がない」。

政府の海洋放出方針決定の後の四月、経済産業省と東電の関係者による説明の場が相馬市で設けられ、組合員ら二〇〇人が集まった。今野さんによると、政府側は、放出準備のタンクを設けて海水で大幅に希釈し、パイプラインによる一キロほど沖での放流を検討中だといい、その期間は、第一原発の廃炉作業と同様に数十年の見込みだ。今野さんは「漁協の同意なしに放流しない、という約束は生きているのだろうな」と確認を求めたが、「やつらははっきりと答えなかった。風評には迅速に対応すると言ったが具体的ではなく『検討している』ばかり。責任ある回答は聞かれなかった」という。

原発事故から一〇年の今も風評被害は続き、「数十年放流する」というニュースがまた風評を固定化させる、と今野さんは危惧する。漁協はこれまで首都圏へ売り込みを続け、築地（現在は豊洲）に受け入れてもらった。青年部も福島の魚のＰＲイベントを催したが、「見えない壁があり、西へ行くほど反応は厳しい」と今野さん。「どこで捕れたかで差を付けられる。他産地に比べ、単価はカレイもシラスも三分の一ほど。マコガレイなど宮城産に一〇キロ二〇〇〇円の値が付いた時、ここのは五〇〇円だった」

首相の責任はどこに

「コロナ禍のどさくさ紛れの発表だった」と同漁協の漁師、福島県新地町の小野春雄さん（六九）は憤る。「福島の漁業の未来が懸かる、国民規模の影響ある問題なのに、首相は責任を表明せず、東電の事情で仕方がない、で済ませた。海はわれわれの仕事場。せめて大臣が話に来るべきだろう」。

二年後に震災前の五割強に水揚げを増やす目標を掲げた野崎哲福島県漁連会長は「われわれは漁業を継続する。海洋放出には反対だ」と訴え、反対は同県議会、いわき、相馬、南相馬、浪江、新地など各市町議会や農協などに広がり、五月一〇日の地元紙福島民報は、県民世論調査での海洋放出に「理解が深まっていない」との回答が七〇・六％に上ると報じた。隣の宮城県でも、寺沢県漁協組合長が「怒りを覚える。政府の失敗を漁業者に押し付けるばかりで、当事者意識に欠ける」と批判。県内の農水産業や観光業、自治体などの代表者が「処理水の取扱いに関する宮城県連携会議」を立ち上げ「政府、東電は風評被害への認識が甘い」と訴え、村井嘉浩知事は「福島と同じ対応」を政府に求めた。

「復興の足を引っ張らぬ解決策を、菅首相は検討すべきだ。ただ『放出ありき』で、政府はこの一〇年、何をやってきたのか」と小野さんは問う。震災、原発事故の被災地を取材してきた筆者の目には、コロナ禍の下、国民の合意が不在のまま、菅首相が自らの責任ある判断を表明することもなく、批判の嵐を無為に聞き過ごし、引き返しのできぬタイムリミットを待つ様相の東京オリンピックの問題と二重写しになる。原発の汚染水問題には厳とした「公約」がある。合意なき決行は許されない。

（てらしま　ひでや・ローカルジャーナリスト　元河北新報編集委員）

113　地方記者の目／福島第一原発の汚染水放出、誰の理解を得た政府決定なのか

第三六回農業ジャーナリスト賞が決まりました

農業ジャーナリスト賞は、一九八六年（昭和六一年）に農政ジャーナリストの会が創立三〇周年を記念して設けました。農林水産業、食料問題ならびに農山漁村の地域問題などに関する優れた報道（ルポルタージュ、連載企画、出版物、放送番組など）から顕著な功績のジャーナリズム作品を表彰しています。

毎年、その前年に発表された作品を対象に今年度は、新聞・出版籍部門から五点、テレビ・映像部門から一四点の、計市九点の応募があり、農政ジャーナリストの会が委嘱した選考委員会の審議を経て、三作品に決定しました。

受賞作品

◇『たづ鳴きの里～タンチョウを呼ぶ農民たちの一五〇〇日～』　北海道テレビ放送

◇『ＦＢＣスペシャル２０２０　大地のバトン～土に希望の種をまけ～』　福井放送

◇『ホハレ峠　ダムに沈んだ徳山村　百年の軌跡』　大西暢夫著

◆受賞作概要◆

「たづ鳴きの里～タンチョウを呼ぶ農民たちの一五〇〇日～」　北海道テレビ放送

かつて絶滅寸前まで追い込まれた国の特別天然記念物のタンチョウヅルのヒナが札幌市近郊の農村の「遊水地」で確認された。この裏には遊水地にツルを呼び戻し、繁殖させようとする農民たちの挑戦があった。ツルを呼んで町おこしを願う地域の活動を五年間にわたって長期取材した心温まるドキュメント。貴重なヒナの撮影にも成功した。農家に寄り添って番組を作っている。見る人を飽きさせない。作り方もうまく、生きものに対する農家の心情が丁寧に丹念に描かれている。四季折々の田園風景の映像も美しく、人々の愛が伝わる感動的な作品で好感がもてる。

「FBCスペシャル2020　大地のバトン〜土に希望の種をまけ〜」福井放送

様々に問題視される外国人技能実習生制度だが、本来の制度目的の側面がきちんと活かされるケースもあることを示した点で評価できる。テーマ設定がいい。技能実習生問題に一石を投じた作品だ。技能実習生を「国を超えたバトン」としてとらえ、それを追いかけた秀作。単なる労働力ではなく本当の研修生としてインドネシア人の若者を育てる情熱と能力に敬服する。良質なドキュメント番組に仕上がった。

受け入れ農家（四四歳）の思いがよく伝わり、心温まる。農家の人柄、経験も踏まえ、丁寧に描いている。長期間のロケで地域しかできない番組だ。研修生の表情も明るいのがとても良い。広い視野から日本国内にとどまらない世界の農業の後継者作りを考えさせられる。この農園には国境がない。

「ホハレ峠　ダムに沈んだ徳山村　百年の軌跡」大西暢夫著　㈱彩流社

全国に二七〇〇を超える数のダムがあるが、公共事業という名の下に開発の波に呑まれ沈んでいった村の一つひとつにこうした物語があることを教えてくれる。カメラマンの著者は、日本最大のダムに沈んだ岐阜県旧徳山村を、ダムが沈む前から三〇年も定点取材を続けてきた。そこから見えてきた「民衆の歴史」は驚くべきもので、村に最後まで暮らした老婆から聞き取り続けた「長い長い足跡」を追跡したルポ。その取材の筆致の精緻さは特に印象的だ。

老婆の家族を含めた日常を活写することで「村を手放すことの重みや深み」の問い直しに成功している。写真もプロのもの。時間も足（現地取材）もふんだんに使った労作で感動的だ。

◆受賞の言葉◆

◇沼田博光氏（北海道テレビ放送報道部）／「たづ鳴きの里〜タンチョウを呼ぶ農民たちの一五〇〇日〜」

報道部でデスクをしていますが、ドキュメンタリー番組も制作しております。受賞作品は五年間にわたり札幌市近郊の長沼町に通い、取材しました。現在も続けており、七年目に入っています。農家の皆さんが、一〇〇年も前に姿を消し、絶滅寸前まで追い込まれた国の特別天然記念物のタンチョウを呼び戻す、という夢の話しに立ち会うことができました。また農家の皆さんが、過疎、後継者がいない、輸入食品が増える、などのいろいろ問題を抱えていることも、五年間通って垣間見てきました。タンチョウは農家のこうした悩みの象徴で、どうやったら地域を残せるのか　地域に魅力を持たせられるのか、子どもたちに誇りを持たせることができるのか。こんな思いの最終点がタンチョウに行きつき、一つの思いとなりました。

テレビ放送なので、コロナ禍でも家族が楽しく見られる番組づくりとなり、農業の問題を正面から伝えるものにはなりませんでしたが、タンチョウを呼び戻す活動の中に様々なテーマが潜んでいる、行間にある重いテーマを汲んでいただいたことが、今回の表彰に至ったと思います。

タンチョウの繁殖地は道内で広がっていますが、「タンチョウが来てよかったね」で終わりではなく、この後は越冬地がないという問題があります。江戸時代までは関東、関西、本州、四国、九州まで棲息していた記録がありますが、今後この物語の舞台は津軽海峡の南側に移っていくと思います。本州の皆さんが次はタンチョウの越冬地として、うちに呼ぶぞという活動が起きないかと、期待しています。自分としては、できればそこまで追っかけて取材ができたらと思います。本日はありがとうございました。（談）

◇**奥村祐加氏**（福井放送ディレクター）／「ＦＢＣスペシャル２０２０　大地のバトン～土に希望の種をまけ～」

ディレクターになって五年目。今回初めてドキュメンタリー番組を制作しました。福井市の市街地から少し離れた場所で農園を経営している男性が主人公です。農業と真摯に向き合い、外国人技能実習生を受け入れることで農業を通じて国際協力をしていこうという目標を掲げる小さな農園の七代目。そんな物語を作ろうと取材は始まりました。

当初は外国人技能実習生にはそれほど注目していませんでした。でも、実際に取材を重ねていくうちにインドネシアから来た二〇代の実習生たちが、日中は体を使って実践的な農作業、夜は座学で農業と日本語を勉強する姿を見かけるようになりました。なぜこんなにも必死で文化も言葉も違う日本で頑張れるのか、この姿を伝えられないかと思うようになったのです。技能実習生というとこれまでは暗いニュースが多いイメージが強かったのですが、そのイメージが覆されました。

コロナ禍で海外に行けなくなる前の取材でしたので私もインドネシアに渡り、日本での実習を終えた彼らがどういう生活をしているのか、なぜ真剣に学ぶのかを知りたいと思いました。首都から電車で一～二時間ほど離れた、機械も入らないような険しい山に農地を作り農作業に精を出す若者たち。家族の生活をよくしようと、貧しい村を暮らしやすくしようと、毎日頑張っている姿がありました。

コロナ禍で農業の置かれている現状が苦しい中、農業ジャーナリスト賞受賞をきっかけに、技能実習生の実情と受け入れる農園の努力を広く知ってもらえたことを大変嬉しく思います。今回の番組の主人公、大地のバトンをつなごうと頑張る農家の田谷徹さんは先駆的な活動をしている人なの

で、日本と世界の農業の発展を祈りつつ、今後も取材を続けていきたいと思います。本日はありがとうございました。（談）

◇**大西暢夫氏**（写真家）／「ホハレ峠　ダムに沈んだ徳山村　百年の軌跡」

フリーカメラマンであり映画監督です。ダムの村の取材は北海道から九州まで、今も関わっています。その中でも岐阜県の徳山村は日本最大のダムで一五〇〇人の村民が暮らしていましたが、そこに三〇年間通いました。これまで何冊か本を出し、映画もつくってきましたが、そこで今回（ダムに沈む村で）一人になったおばあちゃんが、なぜ最後まで村に残ったのか。いろいろ生活が不便になり、そこに居住し続けることは、彼女にとって何の意味があるのか。

どんなダムの現場でも、それが取材の大きな壁になりました。

おばあちゃんとの付き合いは長く、孫のような関係でした。九三歳で亡くなりましたが、七、八年かけ最後はふりしぼるように、自分の言葉で語り続け、僕はそれを聞き続け、約一〇〇年前の足跡にたどり着いたわけです。それが北海道開拓まで遡ることになりました。真狩村という場所でしたが、ほんのわずかな足取りを探す中で、彼女がなぜ北海道から徳山村に戻っても、最後の一人になるまで徳山村に残り続けたのか、自分でも少しだけその気持ちが分かるようになりました。

そういう中で、自分は写真で記録する仕事ですが、今書き留めておかないと絶対に忘れてしまう。

そんな気持ちが強く、無心になって調べ続けました。三〇年後、五〇年後にダムに沈んでしまった徳山村に興味を持った若者がこんな本が昔、出版されていたと、手にして読んで下さり、調べもののきっかけづくりになったらいいなと思っています。これからもダムに沈む村には足を運びます。

本日はありがとうございました。（談）

■選考委員■

阿南　久　（一社）消費者市民社会をつくる会代表（元消費者庁長官）

合瀬　宏毅　（一社）アグリフューチャージャパン副理事長（元ＮＨＫ解説主幹）

小田切徳美　明治大学農学部教授（同大学院農学研究科長）

甲斐　良治　（一社）農山漁村文化協会編集局

榊田みどり　明治大学農学部客員教授、農業ジャーナリスト

三森かおり　㈲ぶどうばたけ取締役

（敬称略　五十音順）

編集後記

○…貸農園で野菜作りを楽しむ知人が、度々、取りたて野菜を持って来てくれます。留守の時は古新聞に包み玄関先に置いて、ケイタイに「穫れ過ぎにつきお気遣いは無用。ありがとう」と。新聞紙の包みを解くと、この時期はナスとトマト。

　愛読書『江戸っ子の食と暮らし　江戸の食好み』にナスの田楽は豆腐田楽と並べて売られ、江戸っ子に人気のファーストフード。川柳に「田楽のそばで茄子に羽がはえ」と茄子田楽に軍配が上がり、「嫁の意地片肌ぬいで茄子を漬け」と、夏はナス。

○…特集は『コロナ後のローカル経済』です。オンラインの活用が後を押しコロナ禍に地方移住を望む人が静かにブームだそうです。

今のコロナ危機の背景には大規模、集中、グローバル一辺倒があり、そこから小規模、分散、ローカルに軸を打ち立てて、地元から世界を作り直す。地方に風が吹いている」状況を、三人の講師から報告。内容が実践的で、興味尽きない。

　都会で暮らすより地方には、生活コストは低く、コロナリスクも少ない。そのために住みたくなるようなアイデア、知恵が基本になる。

○『農政の焦点』、『地方記者の眼』は必読二題。次代の農業を描く「食料システム戦略」を展望し、また福島第一原発の汚染水放出を追求する記者の眼。渾身のレポートです。

○…『農業ジャーナリスト賞』は第三六回になりました。コロナ禍にオンラインの授賞式になりましたが、この賞は本会の誇りです。

（青）

日本農業の動き　No.211
コロナ後のローカル経済

定価は裏表紙に表示してあります（送料は実費）。

二〇二一年七月三〇日発行©

発行　農政ジャーナリストの会
編集　会長　行友　弥
〒100-6826　東京都千代田区大手町一の三の一（JAビル）
電話（03）六二六九-九七七二
FAX（03）六二六九-九七七三

販売　一般社団法人　農山漁村文化協会
〒107-8668　東京都港区赤坂七の六の一
電話（03）三五八五-一一四二
URL：http://www.ruralnet.or.jp/
振替　〇〇一二〇-三-一四四四七八

購読のお申込みは近くの書店か、直接発行・発売元へご連絡下さい。
バックナンバーもご利用下さい。

PRINTED IN JAPAN 2021　ISBN978-4-540-21061-7　C0061

耕そう、大地と地域のみらい。
安全と安心を、すべての食卓に。
JAグループは、生産者一人ひとり
と共に、今日も進みつづけます。
この国の豊かな大地と地域の
くらしを、次の世代へ伝えるために。
JAグループ
耕そう、大地と地域のみらい。
安全と安心を、すべての食卓に。
JAグループは、生産者一人ひとり
と共に、今日も進みつづけます。
この国の豊かな大地と地域の
くらしを、次の世代へ伝えるために。
JAグループ